經營顧問叢書 ⑱⑥

營業管理疑難雜症與對策

黃憲仁　編著

憲業企管顧問有限公司　　發行

《營業管理疑難雜症與對策》

序　言

身為營業主管，必須明白自己的任務是什麼。

「企業任命營業主管之目的，就是要你去達成目標」，營業主管要運用「管理」的力量，去達成此目標；不幸的是，營業主管普遍的心聲都是：**「管理工作」遠比「推銷工作」**更爲艱難。

我在擔任企業的長期顧問生涯中，發覺到一個有趣現象，企業常因爲「業務員推銷績效好、資歷深而提拔他爲營業主管」，表面上看起來是恰當地安排、無可非議，可是，由於這些業績高、資歷深的業務員只是具備了推銷的技巧與能力，缺少管理的才幹，所以，往往事與願違，績效不彰，從而形成**「一流的業務員未必就是一流的營業主管」**的現象。

營業主管必須同時具備推銷的能力與管理的能力。對營業主管而言，「管理能力」反而比「推銷能力」更重要，因爲，**營業主管的主要工作是「管理」而非「推銷」。**

就企業而言，企業缺乏一套培訓員工計劃，尤其更缺乏「如何做營業主管」的培訓計劃，也沒有儲備幹部的準備工作。

就該主管而言，原因在於**他沒有能力去推動營業團隊績效，並且缺乏解決營業團隊的各種疑難雜症。**

憲業企管顧問公司創立於 1992 年，公司明確定位，**自始都是**

對企業提供各種營銷培訓指導、營銷顧問輔導。我在與經營者、主管進行診斷與溝通時，常發覺上述問題，因此啓發出「如何協助企業解決這方面的營業管理問題」，這是作者經常思考的重點。

不同素質的業務員，不同的工作狀況，解決對策都不相同，本書的內容就是針對這些業務員和營業部門所存在的「疑難雜症」，而對症下藥，做出相應的指導，提高營業部門的效率。

每家公司都有這樣的業務員，不論新手還是老手，他們對於自己在推銷方面的問題困惑不解，不知如何去突破面前的障礙，局限於本身的觀念及行爲範疇，無法向前超越一步。編寫本書之目的，在幫助業務員走出困境，並指導**「身為主管如何改善問題、協助部屬」**。

每家公司都有一些問題業務員：工作勤奮但無法創造業績；自命不凡，特立獨行；業績差或不穩定；缺乏團隊精神；怯於拜訪客戶；找藉口推責任；逃避困難……，**身為營業主管必須看出業務員的困境並加以協助。**

本系列叢書第一本的**「業務員疑難雜症與對策」**上市以來，倍受歡迎，故再敦聘專家撰寫**「營業管理疑難雜症與對策」**，二本合併閱讀，有相輔相成，左右逢源的功效。

本書著重實務，講求績效，**全部是介紹各種疑難雜症的解決對策。全書的特殊性、專業性，都是針對營業單位不同的案例進行專家問診，資料來源，感謝眾多顧問師的慷慨惠贈營銷管理案例，並提出心得見解**；閱讀本書，希望能對營業主管有所裨益，這是本書編寫的最大期望。

2008 年 6 月增訂版

《營業管理疑難雜症與對策》

目 錄

第四章、如何加強收款績效 / 126

第五章、如何激勵銷售隊伍 / 143

第六章　如何管理有問題的業務員 / 236

第一章

如何提升營業績效

1

不去開發新客戶的業務員

引入

單位給小王下達的每月的銷售業績，小王都能準確圓滿地完成，他基本上還不費太大的力氣，只需以往現有客戶的關係和實力客戶的幫忙一下就可以達成目標了。對此，小王認為，反正每月的營業任務都能完成，也沒有必要去開發新的客戶。

若不開發新的客戶，一旦競爭對手用新產品或促銷攻擊很容易被侵奪的，公司的長遠利益將不保，其重要性不容忽視。

面對不去開發新客戶或不必要去開發新客戶的業務員，只依靠過去現有客戶進行交易，身為營業主管，你將如何對部屬進行指導？

重點

有些業務員依靠過去的交易關係，現今擁有了不少固定客戶，每月營業額不需努力即可達到目標額的 80%，其餘部分只要依靠有實力的客戶幫忙一下便可達到目標。

在業務會議上，這些業務員以自己達成目標額的成果來炫耀標榜自己，主管雖然明白，事實上並非靠他的實力所取得的成績，「而是固定客戶、現有客戶的貢獻」。

面對業務員因循老客戶維持業績和主管的自欺欺人的說法，如果放任這因循情形，行銷力遲早會低落下去。一方面，已經因循成性的客戶，多少有安定的銷售，但因爲「不能提高利益」、「無法期待增加營業量」、「只順從對方」等因循交易關係而老套不變；另一方面，若競爭對手用新產品或促銷攻擊很容易被侵奪。如此情形經常發生，一點也不能粗心大意。

營業主管應指導項目

只依靠固定的客戶以因循方式進行的營業活動，和業績的好壞並無關係。不僅使業務員的實力不能長進，反而會退步。

爲排除業務員過於因循固定客戶而懶惰成性，應不斷給予新目標挑戰，促進活力。在取得超過原來的目標額，對新增的部分給予評價和適當獎勵。制訂新目標應從以下幾方面考慮：

①商品（主要商品）依客戶別設定銷售目標。

②設定負責區域內開拓新客戶件數之目標及某期間內之銷售目標。新路錢的開發同樣要週全計畫。

③設定客戶別的店內佔有率，而提高全面性佔有率。

④切實推動擴大促銷策略活動。

⑤其他每年（每月）給予新課題，讓業務員去挑戰。

⑥設定每個月的重點行動目標，加以督促實踐。

圖 1-1　業績實能

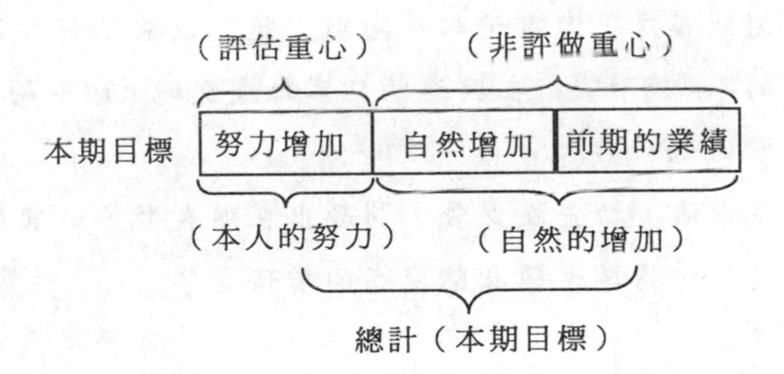

如果對以上幾個目標經主管指導後，仍無法脫離因循固定化，那麼就應該考慮該業務員調移負責其他新的區域，讓他重新去接受挑戰。

分配到新區域的業務員，不能像過去那樣依賴固定客戶，將因緊張及不安感而產生良性的刺激，結果是：死水將會變成活水。

2

新客戶成交率低的業務員

引入

D 君一直不明白，自己努力早出晚歸，也能按公司的制度計畫去訪問新客戶，走盡了路，跑斷了腿，說破了嘴，訪問的新客戶真的不少，可是，在與這些新客戶成交時，卻不夠如意，成交率非常的低。

汗水沒少流，功夫沒少費，問題出在那裏呢？如果你是營業主管，將如何指導這類身陷困惑的業務員？

重點

一般而言，訪問次數越少，不能獲得充足的資訊，其結果是，交易成交率也越低。例如，當成交目標件數爲 10 件時，其目標成交率要是 10%，那麼訪問件數就需要 100 件，如果做不到 100 件，當然也無法達成目標件數。

營業主管應指導項目

面對新客戶成交率的業務員，是什麼原因使其成交率不高呢？原因可能是具開發潛力的準客戶名冊有問題，或業務員的銷售技巧不高，或人際關係不好。這時，營業主管需要指導部屬不斷繼續訪問準客戶。因爲忙碌的客戶不會跟「沒有話題」、「沒有數據」、「沒有提案內容」等的業務員見面的。因此，業務員漫無目標的訪問，即使增加訪問次數也沒有用。

身爲主管，首先要對下列的因素進行檢討：

①準客戶名冊是否依據多次訪問所得的資料而製成的。

②業務員是否正確把握客戶的需求，而適當的對應。

③和對方商談到何種程度（有相當進展或還不到）。

④是否具備能說服購買商品的話題。

⑤每次訪問都有進展嗎？

⑥商談的締結方式是否有問題？

⑦對方猶豫不決的理由是什麼？爲了掌握阻礙開拓新客戶的癥結所在，需對上列因素業務員進行的內容進行分析，找出問題點而加以指導。具體從三步著手：

第一步，雖然已經訪問過數次，但仍然難以達成交易的有希望客戶，可能是由於業務員的推銷技術不熟練而難以締結成交時，營業主管應親自陪同業務員一起訪問瞭解真正的原因，根據不同的狀況，可改由主管的角度來嘗試攻勢，即使無法達成締結，也可找出下一步策略。往往由上司親自出馬，會提高開拓新客戶的成交率。

第二步，如果難以掌握實情，也可以利用角色扮演觀察業務員的缺點，加以針對性地指導。

第三步，開拓新客戶應該有個基準，即：這一次比前一次，下一次比這一次，一次比一次更進步才行。同時營業主管要認真檢核是否真的是逐次進步中。

3

資深而業績低的業務員

引入

M 君是一位資深業務員，已供職這家公司有些年頭了，經驗也相當豐富，和客戶的關係也不錯，可不知為什麼，最近一段時間業績非常低，甚至剛進公司的年輕業務員的業績都比他高。

按理說，「老當益壯啊！」可是後生也可畏，他老人的不服氣，可是又不得不尊重這個事實。

重點

身爲營業主管，你將如何對這類經驗豐富的業務員進行指導，以提高績效？

往往在大多數公司的業務部門可以看到這樣一個現象：具有豐富工作經驗和良好的客戶人際關係的資深業務員，銷售業績普遍低迷，而年輕氣盛剛進入公司不久的新人，已經進步到比資深的業務員業績還高。這樣的例子還真不少。

那麼什麼原因會造成這種具有反差的現象呢？雖然年輕的業務員血氣方剛，行動積極，可是資深業務員可以利用智慧和經驗代替勞力呀！

營業主管應指導項目

剖析這種現象的問題點結果是，因資深業務員和客戶關係陷入老套，墨守常規，缺乏發展性，是「惰性」惹的禍。

資深業務員的問題列舉如下：

①從出擊轉爲守株的業務員——擔任交易長久的客戶早建立了良好人際關係，而只依靠此關係進行銷售。

②只守住既存的老客戶，無積極開拓新客戶的意願。

③體力多少衰退，訪問件數顯然減少。

④以傳統產品爲銷售主力，不注重推銷新產品。

⑤很少支援年輕的業務員，只願做自己的工作。

⑥缺乏對客戶的銷售企劃等指導力。

這時，若不能加以活力推動資深業務員，會造成年輕的業務員以爲做到某種程度就夠了的不良榜樣。

作爲營業主管如果進行「以活力推動」，要從下列幾方面著手：

第一，明白地告訴部屬，只提供資訊或知識是不夠的，需更進一步對特定客戶進行提案，說服如何運用並讓他們實行。

第二，須指出，年輕業務員依靠誠實和體力接觸更多客戶進行交易，而資深業務員則數目雖不多，但以高品質作爲營業

活動訴求。

第三，資深業務員擁有自己的推進力和指導力，因此先要自我啓發，不要只做以往的延續，應設定自我進步的改善目標，如能達成，即爲開拓新局面模式的指導方式，這才是與年輕業務員最截然的不同點。

第四，如果對客戶所經營、銷售的資訊已累積很多實戰經驗，加上可提供自己的獨到見解，能使客戶提高銷售額及利益，而成爲客戶寶貴的資訊來源，必然會大受歡迎。棒球選手、角力手、拳擊手都有體力和年齡的限制，而行銷領域卻沒有界限啊！

4

業績不穩定的業務員

引入

長江後浪推前浪，波濤起伏是大自然特有的現象。在企業中，這類例子同樣存在。

X 君上個月的營業額是 100 萬元，可這個月就像抛入穀底一般只有 10 萬元，營業額的起伏之大，毫無安定性可言，真令 X 君苦惱。

「我也付出努力了啊，不然上個月不可能有那麼高的業績，可是低谷時的現象也是我始料不及的，有時，甚至我明明知道問題將要發生，可是我無法左右。」

X 君的困惑，每個月業績嚴重起伏不定，身為營業主管，你將如何對其進行指導？

重點

在正常的銷售活動中，安定性的模式非常重要。若因業種、季節、月份而產生不平衡的傾向，但每年大致同樣地循環一次，這種現象可解釋爲某種程度的安定性。

但是有些業務員月份銷售額起伏較大，如上半月高下半月低，或下半月高而上半月低，毫無業績安定性可言。業績不穩定，對業務員極不易，對企業也是很危險的！

營業主管應指導項目

按理說，一般業務的業績難免多少有點不平衡，但是有實力的業務員往往就能維持平穩。針對無安定性的業務員，營業主管必須作出分析，再進行指導。

①因受業務員個性和健康狀態所影響，是造成其月份業績差距大的原因。例如，興趣一來，一連串訪問客戶，使交易額達到高峰；有時一連幾天閉門不出，交易額出現赤字。這些都是由於行動無規律及不安定性所造成的。

②對宣傳促銷的依賴性過強。例如，舉辦促銷活動時銷售量就多，不舉辦促銷活動銷售量相對就減少。這是平常忽略腳

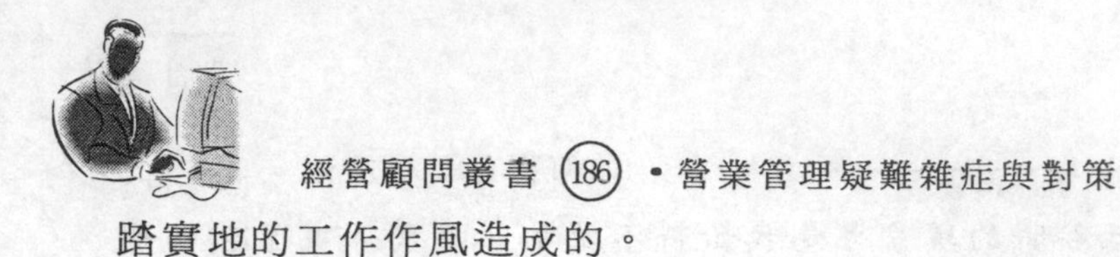

踏實地的工作作風造成的。

③所負責的客戶有問題。廉價時大量購買，恢復正常價格後，就去買別家廠商的廉價品。這是客戶的品質造成了不安定因素的源頭。

④業務員所擁有固定可靠的客戶太少。如有 50 家客戶店，每 10 家在五個月輪流一次大量採購，每月大約可達到目標業績，可是如果只有 30 家客戶的話，當然會有兩個月空檔賣不出貨品。這是由於客戶數量和人脈不夠的原因。

問題既然已經明顯存在著，只有著手解決，除此別無選擇。況且，問題越早得到解決越好。

營業主管首先要按基本營業原則指導業務員以能夠安定性、持續性銷售的客戶層爲目標，代替過去的客戶層，來開拓新客戶。

同時，營業主管要告誡員工，改變過去只依靠促銷活動期才銷售的概念，要加強平常即進行的訪問活動。並且不要只依賴有吸引力的暢銷產品、有附帶贈品或有打折扣的商品，應以自己的銷售技巧、商品知識、銷售計畫等作爲銷售武器來展開工作。

不要只注重達成該月份的目標，應爲後幾個月的業績得到提高著想。例如本月份有 7 家訪問客戶，其中三家是爲本月的營業量，二家是爲第二個月的營業量，另外二家作爲第三個月的促銷。提前定出模式來。

針對新開拓的客戶及既有的客戶，不能受主觀情緒上的影響，要依計畫切實實行。要達成此目的，主管要隨時檢核追查。

同時，對具有相當銷售能力的客戶，計算成最低確保訂購，仔細分析客戶究竟擁有多少購買力，及預測有多少程度的營業額，比盲目的設定目標來得有效。

當然，不管季節如何變動，還是維持安定性模式為佳。

5

上午出動遲緩的業務員

引入

R 君訪問客戶基本上有個規律，不到上午十點就不出門，一直在辦公室內寫報告，仿佛永遠有處理不完的行政文書。結果是，他與早上 8 點（或更早）去訪問客戶的業務員，業績拉開了很大的差距。

如何有效利用時間，以提高營業活動，對早上拖到十點才能出去訪問客戶的業務員，身為營業主管，你該如何指導？

重點

常言道：一年之際在於春，一天之際在於晨，它就是說明事情提前些或越早越好的道理。而在開展銷售業務工作中也具有相同的道理。比如上午出去開展業務，與下午出去開展業務的收穫就大有區別。

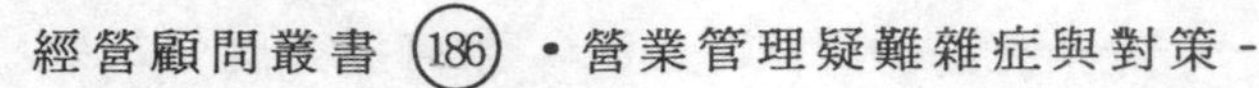

首先在精神上，一大早是抱著昂揚的鬥志精力較充沛出動的，且活力較強；如果是下午，則精神狀況上不佳，昏昏欲睡迷迷糊糊，士氣不高，有時還會受到上午其他事的拖累，不能全身心投入。

再則，要比競爭對手多做一件事。提早去訪問客戶，不僅有時間與客戶展開業務上的商談，也可以幫助其整理商品的陳設或庫存品，這樣做，可以贏得客戶的好感與信賴。

另外，一大早出去訪問客戶，很容易見到其人；而下午出動，對方不在辦公室或事物繁多抽身不得，往往是秘書擋駕，拜訪落空，影響計畫。

還有些業務員不注重公司附近的活動，反而到較遠距離的地方訪問，而這類人還真不少。由於距離的遠近與時間是成正比的，結果造成訪問客戶少，而每一家商談的時間也大大縮短，導致業務效率不高。

可以看出，不僅在精神面貌上有所不同，在拜訪客戶數量上明顯也有差距，這些當然會影響到最後的成績。爲了提高業務活動的品質，可以說，應該值得研究如何有效利用時間是必要的。

營業主管應指導項目

面對上午出動遲緩或下午出動的業務員，營業主管首先要提醒部屬，叮嚀時間的重要性。因爲業績是與時間競賽的產物。

主管可將業務員每天的活動標準化，數字化，並根據各個

業務員不同的情況，進行規範化管理。

在設立標準化之前，將現狀問題和如何忠誠實行基本業務，作充分的檢討和改善。

例如，如何能在早上 9 點以前出發？如果因接客戶電話才延誤出發的，其實可在前一天下班以前，先以電話聯絡好，早上便不用花太多等電話的時間了。

如果雜務真的很多，可分擔一些給內勤的職員負責，可訓練內勤的職員或女職員辦理接受訂購的業務，安排送貨或確認交貨期限等事宜。對製作報表或傳票等，可在前一天晚上處理，或利用坐車的時間、中午休息時間、訪問時等候客戶的時候來處理。

下午可提早回公司，可以做些估價單或另外找專門處理估價單的職員協助也可以，以備第二天早上出勤用，免得臨陣抱佛腳。

有些企業，會訓練一些負責內勤的女職員做估價業務，協助業務員，讓他們能專心去推銷。

6

每月下旬才出動的業務員

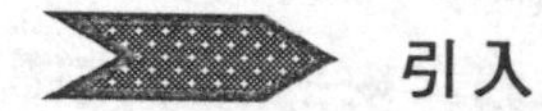

引入

「時間總是夠用的，不要太慌張了」。

小王是典型的不到橋頭船不直的貨色。上半月拖三拉四，丟五棄六，只到下半月才抓緊時間去拜訪客戶，結果是臨陣磨槍，倉促應對，強迫推銷，業績自然也無法達成目標。

期限快到時才著慌的業務員真不少，如何指導部屬能制訂每個月計畫，使拜訪活動能有序地進行，使每月的績效都能達成目標呢？

重點

不僅每天上午出動與下午出動在效率上有很大的區別，而且每月的上旬行動與下旬行動同樣也存在區別。最明顯的例子是，有些業務員每個月期限一到就慌手慌腳，預感如此下去「無法達成本月的目標」，只好選定幾家客戶加以強迫推銷，而結果是，造成客戶庫存過剩，或下個月減少採購量。同時，由於牽強推銷而不得不接受客戶對價格上的壓縮。

依此方法，本月的目標任務是完成了，但營業額卻減少了，

總體利潤也有很大幅度的回落。

這是典型的下旬才奮發的業務員行態，也是屬於下旬奮發型的業務員共通毛病。爲什麼會造成這種現象發生呢？它們有個共同點，就是缺乏行動計畫。

不僅沒有月計畫，也沒有週、日活動計畫。當天早上出門前才決定要訪問的對象，更糟糕的是有些業務員甚至依據早晨客戶的電話而決定行動。整個月所需達成的目標，由於沒有計劃才拖延到下旬去。

營業主管應指導項目

針對這類下旬才奮發的業務員，營業主管應該告訴部屬，提高業績的要訣以「重點集中於上旬」較好。如一年的前半年或一月的前半月、前半週、一天的中午以前，集中力量於前半期來奮鬥。如果訪問計畫設定在一個月的上旬，遇到無法按預定去訪問時，可在下旬去彌補，必然可以達成一個月訪問（次數）目標。

再則，要更新觀念。即排除到月底達成目標即可的念頭，設定「中間目標」，促使業務員向該目標挑戰。例如，每個月的總目標爲 100 萬元營業額，那麼設定每月的前 10 日的目標額是 75 萬元，20 日的目標是 85 萬元。由於從 1 號到 10 號難達成 75 萬元，故從前個月開始即朝下月 10 日的目標邁進。因此設定中間目標才能改變下旬奮發型的業務員。依這種理論可列成設定中間目標的矩陣圖。見圖 1-6 矩陣圖所示。

圖 1-6　炬陣圖

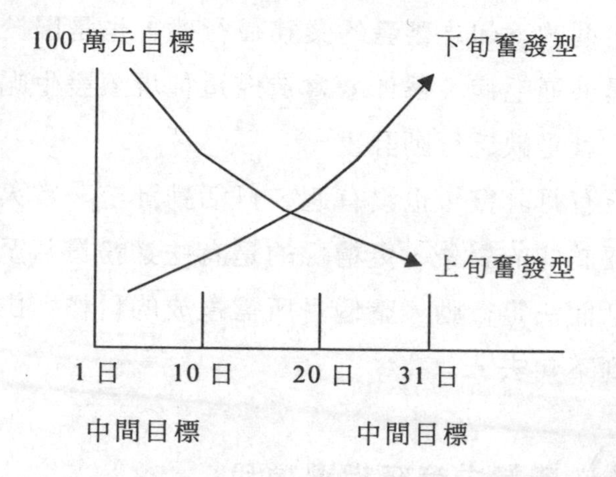

設立中間目標最明顯的效果是，容易達成目標額，這是因爲中間目標額（且比率較大）設定在上半月，業務員可以提早獲得當月的目標。每月 10 日容易達成的目標乃是由於在前月中已經建立了基礎，這是「笨鳥先飛」的原理，即從被營業額逼迫轉爲追趕營業，才有餘力可從事營業計畫和行動。

有些業務員要擬定月間訪問計畫時，設定有在 28 日至 30 日的預定時間訪問，往往因某些理由無法訪問時，就拖到了下個月。那麼本月的訪問計畫也會落空。其實將月末留空做自由行動的預備日也是個好辦法。

不要依靠客戶才採取行動，要主動將客戶訪問安排符合自己行動的計畫。上旬加緊才是提高業績的要訣。

7

沒有團隊精神的業務員

引入

C 君的業務能力很強，業績也獲得了大豐收，可是在具體行動上卻得不到單位全體同仁的認可，個人主義意識太強，好似天馬行空，獨來獨往，與同事很少能一起協同作戰，步調也無法取得一致，強調「只要提高自己的業績就好。」

C 君雖有好業績，但放任的心態毫無團隊精神可言，身為營業主管，你將如何對C君進行指導？

重點

一個公司或一個部門，在市場經營之中，都必須有計劃、組織、授權、領導、激勵、意見溝通、控制等等相關程序，但完成這些相關程序不是靠一個人去完成的，而是依靠大家共同的力量和團體協作的精神才能使其取於不敗之地，所以說，團隊意識在部門當中的影響是很大的。基本上在每家公司每個部門內有存在著這類現象：有些營業員其業務能力很強，在部門內也獲得最高業績，可是在行動上是我行我素，獨立作戰較多，因爲他們基本上相信「只要提高自己的業績就好」。

這就是典型的個人英雄主義，而缺乏團隊意識的「另類」。

由於業績高，主管也無從挑剔，但是缺乏團隊精神，即爲他的問題。因爲業務員講究的是速戰速決，個人的目標實現是至上的，而部門或公司的總體目標是其次，甚至與己無關。個人的目標達到了，就是勝利。而作爲主管從整個部門目標出發，其個別人的某些業績並不能有力保障整體目標的實現，所以缺乏團隊意識的責任首先在於部門主管。是管理策略的不到位而造成的。沒有團隊的精神，就不能提高整體部門的士氣，也無法提高業績。就像是棒球隊，只有一位特優打者，其他隊員打擊不振即不能贏。部門內也是如此，只有提高整體的業績，才能獲得勝利。常見的例子很多，例如，主管想提高整體團隊的士氣，可是就有一些業務員不願協調，執著於自己的方式，結果必然造成對其他人的不好影響，其最終必然擴散到整個團體中去。這類業務員，由於業績都很高，使自己有恃無恐，主管很可能寬容他們，妥協爲上。

營業主管應指導項目

缺乏團隊精神的業務員，往往大多數是業務的中堅，部門中的骨幹，即讓他們配合整體作戰，又不影響其士氣和情緒，營業主管最好的辦法是首先輔導他們成爲部門未來的領導人。

給他們創造多一些的機會，讓他們多參與或多召開一些會議。在會議上，讓這類業務員做模擬的部門領導者。讓他們發表自己提高業績的做法，或對其他業務員提出建議。憑藉他本人的業績事實，其發言對其他業務員具有極強的說服力。

「在這種情況時，我會這樣處理・」或者「在這種情形時這麼做會順利達成」等等，不知不覺中，其發言內容也會由自己本位轉爲部門爲前提的發言方式。

「由自己本位轉爲部門爲前提」，這是一個潛移默化的過程，不知不覺中就讓其從自己本位而融合到整個部門之中去。這種融合，融入了團體意識。

當然，並不是每個我行我素的業務員都能發揮其領導力，有些人雖然再加強賦予動機，還是完全無動於衷的。但千萬不要抹煞這些人的優點，造成整個部門的士氣低落對誰都沒有好處。

8

外觀不佳的業務員

引入

好的形象能使人如浴春風，可 H 君的形象卻顯得灰頭灰腦，因為行動粗魯、外觀形象不佳，導致有幾個本應敲定下來的單子又飛了，雖然H君自己也有所覺察，可就是不知道如何去改變自己。

明知故犯。人的劣根不是不可能改變的。身為營業主管，

你該如何指導這類部屬？

重點

外觀形象不佳的業務員，是對業務活動有負面影響的。如果這種外觀形象不去努力改變，也無法真正成爲一個有作爲的業務員，但有些人並不知道如何去改變自己，有些人想改卻苦無成果。

外觀形象不佳的狀態主要表現在以下幾個方面：

‧臉部的形象

主要特徵：表情灰暗、沈滯、視線下垂、臉色不好沒有笑容、眼光現出不安。

‧說話的口氣

主要特徵：聲音低沈、無揚抑聲調、聲音小、語尾不清，口氣粗劣、音質欠佳。

‧講話內容

主要特徵：講話陰陽怪氣（不能令人感興趣、引人關心的話題）。不會激起未來希望，充滿憧憬的話。

‧動作

主要特徵：動作粗俗不文雅、顯得不健康、作風像個無賴。態度幼稚、女性化、姿態不良、輕浮。

‧儀表

主要特徵：髒亂、服裝搭配不協調、穿著不適合時節、不適合業務員的服裝。攜帶太老舊的公事包等，不修邊幅。

· **其他**

主要特徵：宿醉、口臭、穿臭襪子、嗜好低俗（例如賭博等）令客戶討厭的原因。

營業主管應指導項目

對這種部屬，營業主管可以讓業務員多看些有關修飾儀錶、做人處事的書籍並研修，或參加研習會，等他瞭解應有的基本態度後，再予以警告，可減少部屬的抗拒心。如果部屬本人沒有自覺，不願自己改善缺點，或當面警告惟恐傷害其自尊心，可以利用轉換方式由親近者來提醒他。

也可以根據上述六項缺陷，製作成「業務員形象診斷表」，利用此表來進行個別形象的診斷，促使其本人自我反省，對自己缺陷有一個全新的認識。

在以下的表各項中應以主管的立場下診斷。

△（有需要留意項目），在「指責事項」中詳細記載理由，促進其自覺與改進，讓業務員對自己有個認知度。

完成「業務員形象診斷表」之後，再加上業務員對自己的認識有所瞭解，然後再和部屬討論，這樣做部屬較容易接受指正。

表 1-8　業務員形象診斷表

姓名：　　　　　　　　　　　　　　　　　　　年　月　日

診斷項目			自己診斷	主管的診斷	指責事例
①客戶對他的印象	1	表情灰暗	○	△	偶爾表情陰沈是否身體不適
	2				
	3				
	4				
	5				
	6				
②說話時的形象	7				
	8				
	9				
	10				
	11				

○無問題　　　△要留意

主管也要告訴業務員，即使有豐富的商品知識、良好的人際關係、增加訪問次數，但如果給人不佳的形象，仍無法提高業績。應讓業務員明白，以明朗的態度迎人，改變自己的言行，亮麗的外觀，美好的形象，只有這樣才具備專業人員的素質。

9

不努力學習的業務員

引入

社會在變，商品在變，人的觀念也在變。日益變革的社會，導致了競爭的白熱化。

B 君是一位苦守自家三分地的麥田守望者，社會的變革激進似乎與他毫無關係，「只要遵守紀律，完成業績目標就行」，何必去趟這趟渾水呢？

如何更正這種觀念上的錯誤，使部屬從自己封閉的城堡中走出來，身為營業主管，你該採取什麼行動？

重點

進入新世紀後，全球經濟一體化愈來愈強，今後是個商品經濟的時代。不是靠武力或投機去征服別人，而是靠自己的經濟實力。

要想打敗競爭對手，必須具備對客戶的指導能力。其實說是推銷，不如說是不推自銷。想將靠外力的銷售轉變成自力推銷的方式，即必須用功，才能趕上激烈變化和進步的時代。也就是由力的業務方式轉變爲智力的業務方式。

「必須用功」，這個「用功」，就是指不斷學習。只有不斷的學習，才能跟上這個商品競爭激烈的時代，才能處世不驚，笑對風雲。

有些專業業務員爲了自我啓發收集資訊，自掏腰包訂閱商業報紙、雜誌；有些業務員則認爲，薪水不包括這項預算，好像說「等商品賣出才進貨」；有些業務員則對辦公室擺設的如業界雜誌及相關新聞連看都不看一眼。

營業主管應指導項目

面對不肯努力學習型的業務員，營業主管要有一套相應的措施去改善，比如制定組織制度，通過組織和制度，讓部屬參與進來學習，並加以指導。業務員當中自動自發來進修的相當少，所以主管要起到一個「火車頭」的作用。常言說，要使火車跑得快，全靠車頭帶。

這裏所說的組織和制度包括以下幾個方面：

(1)朝會時輪流閱讀有益營業的書籍，重要點還得讓大家多聽背熟。

(2)指定業務員看有關業務的書籍，並寫三頁長度的心得報告。規模大而先進的企業公司每月指定員工看一本書。

(3)發表業務方針，讓業務員以「本年度我的業務戰略」爲主題，提出計畫書。目的是不讓員工被動式的聽從，而使他們當成本身使命，並具體去實踐。針對計畫書，主管和部屬檢討後加以調整、定案後，打字做成正式文書。

(4)主管從報章雜誌，選出一些值得參考價值的消息，傳達給部屬。其中有助於客戶的，可做複印在訪問時提供給對方。

(5)一年舉辦二次業務研修會，請外面的專家學者來此演講，這比主管在業務會議中，說破嘴還來得有教育效益。同樣的內容，藉由第三者來教導，更有說服力。

同時，營業主管還要告訴部屬，過去那種只要做好人際關係、依靠以往取得的經驗並增加訪問次數，就可以提高相當水準的業績模式已經漸漸要落伍了。跟不上時代進展的業務員，業績會受阻的；今後的業務員是個憑智力、憑服務競爭的時代。

10

坐領薪水劣根性的業務員

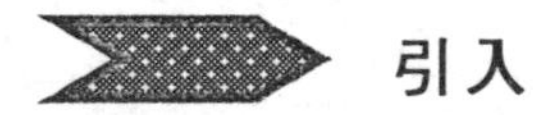

引入

人的價值觀和人生觀正確與否，對人的影響很大。不管業績好壞，只關心自己薪水高低，一幅坐領薪水的意識籠罩自身。

丁君就是這類人。上班八點到，下班五點走，認為只做好份內的工作即可，即使業績不好也沒辦法，缺乏薪水應和成果成正比的意念。

價值觀帶來了對人生觀的衝突，身為營業主管，你將如何改正部屬這種觀念？

重點

商品在交易活動完成後，是以貨幣的方式結算的；同樣，業務員在開展業務工作中，公司是以薪水的方式對其進行支付的（也是對其工作的報酬或回報）。

「既然我對公司的工作有所付出，要求公司支付薪水的想法並非完全不對」。可是有些領薪劣根性觀念不好，偏向負面。它具體表現在下列幾個方面：

①認為工作時間內努力工作就好，即使無業績也無所謂。

②只想多賺加班費，而不重視業績。

③不重視業績，只關心薪水的高低。

④業餘事（如嗜好或其他）重於工作，本職工作反而次要。

⑤以為只做好份內的工作即可（實際上是否努力與報酬平衡令人懷疑）。

⑥有活動就能拿薪水，缺乏薪水應和成果成正比的意念。

營業主管應指導項目

抱著領薪劣根性的業務員在現實中還真不少，他們缺乏「業務成果＝薪水」的基本意識，如果不對這種想法（人生觀）的業務員進行指導，那麼他們的價值觀就會根深蒂固，最後必將失去做業務員的資格。

如果部屬有這種類型人在，營業主管應從以下幾個方面進行指導：

第一，派遣其參加外面的專題研修會。日常由主管的想法和經驗談來指導。但外面的專題研修會，則讓持客觀立場的外界專家來說，較具說服力。

第二，介紹有關業務活動的書，讓他們閱讀。因爲業務不僅是銷售，更需和多數人接觸，從而獲得友誼與信賴度。書籍在人格修養方面有很大的幫助。

第三，多學習一些業績高的業務員，以他們爲榜樣。通過學習績優者的作風，來刺激自己。有些人或許會說「我是我，不必模仿別人」。這太固執和偏頗。應該從各個角度來探討業務的本職來對待才是。

第四，主管在說出自己的想法之前，先觀察業務員的言行。其次，打聽他們的想法和不滿，聽聽他們的問題出在那裏，加以分析，掌握他們想法的全貌。針對每個業務員不同的想法，相應對其指導。

第五，多選此類業務員到外地參觀比賽，吸收新見解，逐漸改變他們的劣根性。

第六，營業主管可定期選出單位內的模範員工，作爲其他員工的學習榜樣。

11

輕視營業工作的業務員

引入

在Z君看來，營業的工作是上不了大雅之堂的，完全是一付跑腿當差的活兒，面對不同的客戶，你要扮演不同的角色，地地道道的「變色龍」。

Z君以前做過企劃、人事、技術等自認比較高雅的職業，現在公司卻把他調到營業部門來，真是令他難以接受。「營業工作是優秀人才幹的嗎？」

面對Z君這種情緒，營業主管既要讓Z君在本單位效力，又要讓他認識到營業工作的重要性和必備的本領，該如何指導呢？

重點

「營業＝銷售」也就是說等於賣商品。但從事營業所具備的前提條件是，自己的人格和人際關係、說服方法和商品知識等。由於營業工作的特殊性，就造成了某些人對營業工作的輕視和偏見。

有些人認為，營業部門在整個公司的地位較低，或由於本身的價值觀對營業工作不具高評價，或認為個性上不適合等。錯誤的將「推銷」、「銷售」、「營業」，認為這不是優秀人才去做的先入為主的觀念。

也就是，優秀人才對營業工作敬而遠之。認為優秀人才不應去做營業這一性質的工作。

營業主管應指導項目

對於輕視或討厭營業工作的部屬來說，營業主管首先要更正其觀念，告訴他，營業工作的性質相容性很強，它涉及到各方面的知識，從營業部鍛鍊出來的本領，到其他任何職務上都可發揮效用，營業部門並不是低人一等的工作。

由於觀念上的阻礙，造成自信心的不足，應讓這種類型業務員由資深業務員帶領下去訪問客戶，或者主管做好基礎客戶後，再讓他去，可以增加其自信心。如果能成功獲得交易，便加以讚揚，互相分享喜悅，培養業務員的高昂幹勁。

自信，是推動一個人的有力武器。

閱讀推銷優越而成為名人的傳記書籍、或參加講習會等，讓他們明白自己工作的重要性與人生的意義，促進其觀念根本性的改變。

如此，更能以客觀的事實讓業務員加以接受與瞭解銷售的本質，讓其明白營業工作乃由各要素組合結果才能實現，而體會到這是一份有意義的工作。

12

自認不夠格的業務員

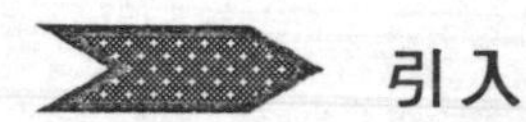

引入

P 君是學校裏的高材生，可自從做了營業這份工作後，使他信心大減，儘管自己付出了很大努力，可就是業績提不上去，P君認為「自己根本不是這塊料！」。

是所學專業不對頭，還是推銷技巧不到家，經過一番思索，P君認為自己不適合做這份工作，要求主管調離其他部門。

面對自認不夠格的部屬，身為營業主管，你該採取什麼措施？

重點

從前一直擔任公司的總務，文員職務或其他職務，一向喜歡獨自工作或在獨立作業環境中做慣者，如今調至需要與顧客接觸的營業部門，由於和陌生人見面時會極度緊張，容易造成疲勞過度和精神壓力，自認自己不能勝任和不夠格。

也有從事業務工作已有多年，可是一直無法提高業績，就認爲自己不適合做這份工作。

即使業績不差的人，也自認爲自己不夠格或不適合這份工

作。

自認不夠格的業務員，有各式各樣的藉口，其實背後隱藏的是真正的理由。

①目標負擔過重。

②無法趕上同事。

③工作太辛苦（期望較輕鬆的工作）。

④不喜歡訪問客戶（不適合推銷工作）。

⑤自己的能力有限（再努力也不能提高業績）。

⑥討厭工作環境。

⑦總覺得不對勁（自己也說不清）。

營業主管應指導項目

找出了自認不適合的潛在原因，營業主管應針對不同的特徵來進行指導，頭病就治頭，腳病就治腳，對症下藥。針對有些業務員面臨沒有話題的場合，顯得很尷尬又痛苦，平時應多充實一些知識。知識是力量的源泉。有了豐富的知識，可以與人們交流更多的資訊。

第二，儘量廣泛與客戶接觸即能增多有益話題，比書籍，數據來得更有生動趣味。

第三，有些客戶與業務員很投機，有些卻不投緣，但為了工作不能依個人的好惡而有所選擇。要知道，逗人歡笑的諧星，在家時卻是常皺著眉頭的，因為舞臺上是發揮演技的地方。所以我們要有敬業的精神。

通過採取以上的措施，培養部屬對待工作的看法，創造機會增加其自信心、成就感，使其徹底走出自認不夠格的陰影。

13

情緒低潮的業務員

引入

每個人都是有七情六欲的。A 君是單位內最年輕最有潛力的業務員，服務工作已有五年了，活潑而友好，大方而上進，是一棵根深苗壯的好苗子。

可是不知為什麼，近一段時間以來，他的情緒處於糟糕的地步，喜怒無常，業績也時好時壞，讓別人看在眼裏急在心頭。

主管說，要把 A 君從情緒的低谷中拯救出來，恢復他以往的模樣，可到底要採取那些措施呢？

重點

人的情緒都有高昂和低落的時候，這是正常現象，本不可非議，可是做業務這份工作，它有它的特殊性，它不像其他個人在小區域內就可以完成的工作（如技術人員、醫生等），它每天要面對著不同而眾多的客戶或顧客，才能完成其業務的目的。情緒的好壞會直接影響到工作的開展與進程。每個客戶都會對低落情緒的業務員開展的交易活動表示懷疑和不安。所以說，情緒低落在開展工作時只有壞處而沒有好處，負面影響是很重的。

一般來說，影響業務員的情緒低落有幾方面：

- 在業務順利時精神不易陷入低潮，只有在業績停滯或低落時就會氣餒。
- 有時是個人因素（如健康、家庭問題等），影響業績使其陷入低潮的。可多半的原因是，自覺無能力而產生氣餒。
- 在同樣條件下，同事的業績卻比自己好的情況時，容易感到自己的無能。
- 當然，或許有些業務員還不服氣地說：「他負責的地區及客戶比我的好……」的藉口，想安慰自己，可是這藉口一旦被拆穿時，所受打擊更嚴重。

營業主管應指導項目

針對以上可能造成部屬情緒低潮的情況，營業主管應詢問部屬情緒低落的原因，加以分析想出解決的對策。針對以上可能造成部屬情緒低落的情況，營業主管應從以下幾個方案中找出針對性的對其進行改善。

①觀察業務員平日的活動，指出其問題點，再提示改善策略。

②爲何陷入低潮，讓業務員自己分析設法克服外，主管也從旁指出缺點而加以提示。

③再一次重修營業基本概念。並介紹研讀別人成功的傳記書籍，增加信心。

④讓他訪問合得來的客戶，逐漸使其拾回信心。

⑤返回到起碼業績標準，再逐漸增加訪問件數及訪問次數。

⑥讓業務員具有帶給顧客利潤與滿足的信念去訪問。

⑦讓業務員擬定與過去不同的銷售計畫，然後由主管修正後付之實施以求突破現況。

其後留意觀察對策經過，加以指導儘快恢復士氣。

爲了排除無謂的雜念，應提供一些有益的書籍供部屬閱讀，使其開拓新視野，促使工作上獲得啓發而增加信心。信心是治療情緒低潮的良藥。

14

不敢迎戰競爭對手的業務員

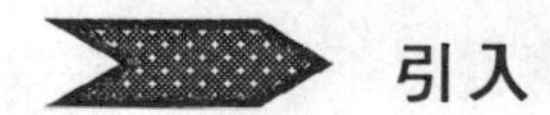

引入

商場如戰場。A 君的個性從開展業務中徹底顯露出來：市場競爭對手太多或不景氣時，常常是牢騷滿腹，比如「競爭對手的商品價格、品質、廣告、宣傳等都超過我們」、或「經營方針無定向」等理由拿來藉口，士氣也一落千丈。

如何培養部屬的鬥志，敢於迎戰競爭對手，不管市場怎樣

風雲變化，都能笑看日落日出。

身為營業主管，你如何培養部屬成熟的心態？

重點

商場就是戰場，是沒有硝煙的角鬥場。它是集商品、企業、人員的競爭力，市場外部的環境及業務員智慧的實力於一身的競技場。

有家企業的辦公室內懸掛著一塊匾額，上面有董事長的一句話：「銷售就是戰爭」。這話的確沒錯。

往往是，經濟成長期或業界環境較好時，業務員的士氣高昂，但到了市場競爭殘酷銷售量低落時，明顯地他們會找藉口或喪失鬥志。

常被業務員拿來當藉口的，多半是「市場環境不好」,「競爭對手的商品品質、價格、宣傳、廣告都超越我們」、「薪水太低」、「經營方針無定向」、「上司無能」等等。在此情形下，士氣越低落，愈無力自拔。

營業主管應指導項目

培養鬥志，不甘心失敗，才能不斷的前進。要想迎戰競爭對手，就要不斷超越。以對手業務員的業績爲座標，進行分析，確定尺規。

①競爭對手業務員每一個人平均業績如何？

・月份營業額

・負責客戶數、區域的大小

・月份毛利益額

・一天訪問家數

・一天勞動時間

・一家客戶平均訪問次數

・新開拓客戶件數（一年間）

・業務的工作內容

②競爭對手優秀業務員業績如何，討論績效好的原因。

③爲何競爭對手的業務員能，本公司業務員就不能。怎樣做才能趕得上？

④如何能夠勝過競爭對手的業務員之業績。

在所賦予條件下，具體設定方法，指導業務員如何才能提高業績，是主管最重要的任務。

如果確實如業務員所說市場條件不利，這時公司領導層和主管應檢討對策。問題是，景氣低迷時，有一部分業務員業績仍然很高，不受外界影響。這表示外在環境雖然不利，但還是大有可爲的。

爲何不能提高業績，只要和優秀的業務員一比較，便能一清二楚。當然，其本人並不瞭解自己的缺點，但從主管的客觀觀察角度，便能一目了然。

培養部屬有和競爭對手打拼的意識。同時告訴部屬，這種競爭意識也是判斷業務員存在價值的標準。

第二章

如何打造一流銷售團隊

1

被競爭對手侵入的業務員

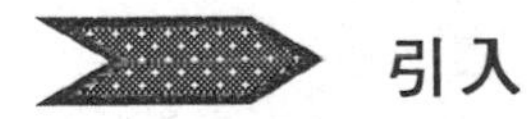

引入

小王的業務客戶主要分部在南部地區，他們之間的交易活動已經有好幾個年頭了，可最近一段時間以來，小王的業務明顯受阻，業績也不斷在下降，經過一番市場調查，原來是部分客戶已被競爭對手奪走了。

小王不甘心失敗，視此爲奇恥大辱。「我要把失地重新收復過來！」可是究竟採取什麼措施時，又感到茫然無策。身爲營

業主管，你該對小王如何進行指導？

重點

你能打進來，我也能打出去，有時甚至雙方在一個道上跑到底，這就是競爭。

競爭對手如果銷售不同品牌的產品還可，更厲害的是銷售和自家相同品牌的產品，這好比是扼住咽喉，對方從自己碗裏搶食吃。

曾經是公司的客戶，却被競爭對手奪走，而自己的佔有率也大大下跌。更爲嚴重的是，從此可能變成沒有交易的局面。

營業主管應指導項目

市場被競爭者所奪走，要分析其原因而研究對策了。首先要分析被侵入的原因。一般被侵入的原因有兩種：

第一種，由於業務員本身的問題才被侵入

①訪問次數太少。

②和客戶溝通不良。

③未及時把握競爭對手的動態，而對應策略太遲。

④對客戶需求未處理致使客戶滿足程度下降。

⑤和客戶的關係已陷入低潮。

第二種，分析競爭對手攻進客戶的方法

①以新產品爲推銷武器。

②價格和回扣策略比自家有利。

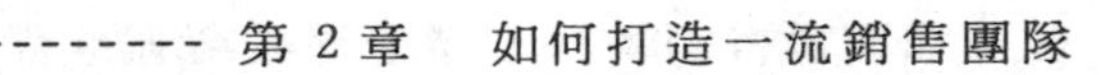

③競爭對手的業務員非常熱心。

④對方向客戶提出更吸引人的銷售企劃。

⑤競爭對手的主管勤加造訪。

誰家有奶便是娘。提供客戶有利條件的，客戶會投向對方懷抱是極其自然的事，沒有人說客戶是翻臉不認人的僞君子。

防患於未然是上策。

若完全被競爭對手侵佔後，即很難有補救的方法，應趁早迅速地加以還擊。如果自己不被對手擊倒，那你就要先打擊別人。

因此，營業主管交待部屬平常要掌握競爭對手的情報並提出報告。而自己也多加盯住，對自家商品在客戶的佔有率每半年也要進行分析一次。

如發現佔有率降低，馬上想出對策。不僅指派業務員處理，營業主管也可以動員全體幹部採取不同的對策攻堅。利用整體的力量和智慧進行突破。

要意識到競爭對手早已虎視眈眈，更應該隨時調整公司的方針。營業主管不僅要檢查業務員的銷售額及利益目標是否達成，還需要經常注意在客戶的佔有率及在商場中需要量所佔有多少等。

2

逃避困難的業務員

引入

M 君對新開發的產品和新客戶一向感到頭痛。因爲他們都是新接觸的，面臨的困難不少，要有所成就，就要付出汗水。付出汗水畢竟不是一件愉快的事！

M 君開始了逃避，以各種理由爲藉口，只開展原有商品和現有客戶爲己任，但是這種工作傾向是不符合部門整體要求的。

身爲營業主管，你該如何改善部屬這種工作傾向？

重點

大多數業務員都具有如此行爲。景氣好時還能維持相當好的業績，業務員認爲是自己努力的結果；可是，景氣不好時，更需業務員具有非凡的實力去推動銷售，但他們却推托是「外部環境的因素才使業績不振」，不知努力奮發。

困難是無處不在的。任何人都想躲避困難。但是業務員的工作就是向困難挑戰爲己任，需要越過千險萬難才能提高業績。

所以，景氣不好時更需要業務員的努力。

常見的困難根源是：

①只接觸容易訪問的客戶（對未建立人際關係，但必須開拓新客戶卻不想去）。

②賣容易銷售的商品（新產品知名度低，不易賣，不願努力推銷）。

③怕被客戶討厭而躲避處理他們的抱怨。

④桌子上的行政工作耗費太多時間，忽略訪問客戶（辦理行政事務比較輕鬆）。

⑤開拓新客戶，提不起勁。

⑥較困難的工作一再被拖延（先做簡單的）。

⑦設定較低目標，達成率較高。

營業主管應指導項目

克服困難，從精神上激勵業務員是很重要。可是更重要的是，營業主管應對業務員設定「不做不行」的課題。把目標抽象化轉爲明確具體化，讓大家共同把目標和任務看得更清楚、更高遠，它是克服困難避免困難的最好方式。

設定「不做不行」的課題內容具體包括以下幾個方面：

①設定客戶別，訪問次數目標（營業目標與訪問次數連結）。

②設定商品別的營業目標（目標依客戶別分擔）。

③訴怨處理辦法標準化（包括報告制度加以明確化）。

④設定一日（月間）接觸時間（和客戶面談時間）的目標及早上出發時間的目標。同時爲縮短處理事務時間而改

善工作情形。

⑤只說開拓多少新客戶還不够，應設定「何時成交」、「開拓幾件新客戶」、「確保多少營業額」等具體的目標設定。營業主管要明確提出，新客戶的營業目標與全體目標的百分之幾。

⑥本月份，業務員（個人）決定處理工作的順序而按順位處理。爲要達成目標，應將最重要的事優先排列順位而處理。

⑦如果依達成程度加以評價，業務員會儘量降低目標。所以在目標中涵蓋自然增加和靠本人努力的部份才行，這才能提高業務員的幹勁和能力。

設定課題後，業務員會更嫌工作困難。身爲主管，不要只叫他們忍耐，而是指導如何找出有效率而可行的辦法才能獲得成果。營業主管提出構想，讓其他業務員共同談談體會，並相互研究解决困難的途徑。

3

缺乏目標意識的業務員

引入

面對主管交待的目標，P 君總是說：「我會儘量去做的」，可是往往到月底一核查，目標額十之八九也沒完成。

「儘量做，」不等於能完全做好。P 君目標意識不強，行動觀念模糊。

S 君每天在營業單位簽到打卡後，才開始上班思考工作項目，每個月似乎只是為「薪水而活」，對工作沒有成就感，也沒有工作目標，每天只是「走馬觀花」似的隨別人行動，根本就是缺乏工作目標。

S 君缺乏目標意識；P 君目標意識模糊。身為營業主管應該如何指導部屬呢？

重點

優秀的業務員無需主管的檢核，都能自動自發自我管理，可是大部分的業務員却需主管的督促與指導才能成長。

「儘量去做，如果無法達成也沒辦法」，如此意志薄弱、目標意識不強的業務員還真不少。

一般而言，目標是由公司或主管上司所設定的。意志薄弱的業務員會認為，既然目標不是自己擬定的，就是目標不能達成時也有藉口，從而逃避責任。因此，對達成目標的意願就更小。

營業主管應指導項目

這種類型的業務員的確需要讓主管去督促和指導，沒有推力，部屬向前邁進的步伐就不會大。這個推力，就是要讓部屬無論如何也要提高達成目標的助力。但在操作中要注意以下幾點：

①設定目標時，有無同時計劃如何達成之方法，主管有無適當性指示（在計劃階段有沒有檢核）。

②目標只不過是願望，儘量去做呢，還是一定要達成？

③在實施目標過程中，上司有沒有及時具體指導如何達成的方法。

④業務員喪失達成目標意識時，主管是否加以追踪與援助。

注意的事項應該注意，但它只是注意事項而已，不能達成目標也是空談。要使業務員達成目標，必須有一套可行之有效的措施，要設定好「不做不行」的制度，加上主管的檢核鞭策，才能提高業績。

在制訂「不做不行」的制度前，先要向業務員說明為何需要目標的理由。業務員的目標乃是公司經營方針的連貫組合和延伸，不只是個人的目標；能達成目標，表示本身能力獲得肯定，個人也有所進步。如果沒有提高業績，必然會被晚輩超越，自己在公司存在的價值也會受到挑戰等一些具有說服力强的言詞。

運用表格化管理，是主管指導與督促部屬最好的方式，它可以記載進度，主管可以隨時檢核並援助，使問題明朗化。

表格化管理的內容：

①年度銷售額、月份銷售額、期間（10 日或 15 日爲一單位)、或一天銷售額等，分別設定目標。

②客戶別、商品別（群）的目標設定。

③行動計劃、促銷計劃，依月份、客戶別加以設定。

④營業主管要定期進行檢核，更要在「執行期間檢核」，絕不能在最後才檢核。這個過程是管理實行的「過程」，而不是只重結果不重過程。沒有管理的過程，也達不到管理所要求的結果。

激勵方式雖然重要，但實行制度的管理也同樣重要。所謂制度，也就是標尺。沒有標尺，人就會迷失方向和缺乏動力，也無法完成公司和個人所期望的結果。

4

訪問客戶件數少的業務員

引入

小張是位按主觀判斷行事的人，不管對方是否有購買行爲或購買力較差，只要談得投機就行，就可以勤加造訪，但對雖然有交易可談不來的客戶就缺乏熱情，也就很少走動，導致真正有客戶交易的訪問件數減少。

面對小王這種按自己嗜好行事的人，身爲營業主管，你如何改善部屬這種個性而提高業績？

重點

常見有些業務員在外出訪問客戶時，往往會在一家店滯留時間約有二至三個小時，到底真的需要滯留這麼久嗎？或因爲沒有其他訪問對象，還是根本不想再訪問？

也許有些業務員會辯解「我的推銷方法，需要長時間」。由於主管並不在場，對於部屬如此反駁也無言以對。

對「提升管理、加大利潤」而言，如何適度縮短滯留時間，而增加訪問件數，對提升業績是很重要。

雖然，因滯留時間過長而影響訪問件數減少不是全部，還有一種現像是因爲業務員個人喜怒哀樂的情緒，也是影響訪問件減少的直接原因。往往常見的現像是，有些業務員雖然有交易但較談不來的客戶，即訪問次數不多，而對於經常購買的主顧或雖然購買力較差，但談得投機的客戶，偏愛造訪。或對新開拓的客戶才訪問二次後就少走動等，結果是，訪問客戶的件數當然不會有大的增長。

營業主管應指導項目

訪問客戶件數減少的原因，一般是由下面因素造成的：

①無話題。

②不曉得如何加以進攻。

③不受客戶歡迎。

④客戶無意思購買（明知道不會購買）。

⑤怯場。

⑥有自卑感。

⑦太忙而沒有訪問時間（忙只是不想去的藉口）。

分析造成客戶件數減少的因素，基本上是由本人造成的。爲要達成目標，平常應多看些報紙和業界雜志，以豐富的資訊來源提供給客戶，不要等待對方給課題，而是自己積極尋找課題加以研究，只有這樣，在下一次訪問時才能「前一次我們曾談到的問題是……」等，連接前次話題而進行訪問，使話題比上次能更接近一步。

如果每次訪問時只是反複地說：「拜托您購買」，客戶會聽膩，或只是談些索然無味的話題，客戶或許以「我很忙哩！……我要的話會打電話給你」冷淡的回絕。

所以，訪問時不僅是銷售商品、收款或處理問題而已，還要提供對方所需要的資訊，成爲對方積極提出改進營業的善意建議。

客戶最不歡迎反復操作單調內容的訪問。施與受是相等的，由於業務員熱心誠懇的幫忙，客戶因感謝而購買商品，才是業務員的輝煌成果。

主管深入 解部屬爲何「訪問次數少」原因後，再對症下藥，提出具體方法，協助部屬改善缺失。

初次訪問的要訣是，不要將知識和話題傾囊說盡，即使手提袋內裝有說明書也要說「對不起，說明書已用完了，不過您對某某新產品如有興趣，下次我帶說明書來」，從而製造下一次的訪問機會。

訪問客戶件數減少，不只因滯留時間太久單方面的原因，或許是因負責的對象店鋪太少，或是不積極補充已脫隊的舊客戶，而努力開拓新客戶的原因。

對有些客戶無甚購買力，交易也少，却要業務員幫做很多事，如果將來不可能成爲大量銷售據點，業務員也不需要給予過多的服務而佔用自己的時間。

5

訪問目標不明確的業務員

引入

小李總是抱著傳統的觀念守株待兔，可最終撞上大樹的兔子並不多。

小李訪問客戶總是抱著幻想或隨便挑一個的心態，他分不清那些拜訪的客戶能真正成為準客戶，漫無邊際似的訪問倒浪費了不少他的時間。

此次訪問客戶的目標，到底是什麼呢？業務員在拜訪之前就要先確定。針對此種缺乏目標意識的業務員，身為營業主管，你該如何出招？

重點

以設定顧客訪問件數（次數）和開拓新客戶件數（件數）為目標的管理是遠遠不够的，有些業務員為了達到目標敷衍主管的考核，以凑和數目的作法，來蒙混過關。制定以數據目標為主的管理也形同虛設。

那麼是什麼原因造成這一現象呢？

多半是業務員對自己的訪問目標不明確造成的。這種類型的例子佔得比較大的比率。

①由於訪問的對象少，乃增加容易訪問的客戶次數，而消耗時間。

②抱著或許有好消息，無目標的期待而造訪。

③目的不是訪問，是爲了探視近況而去造訪（收集資訊）。

④只爲了湊足訪問次數、件數的目的而訪問（以便做報告書）。

⑤爲了想訪問次數增加，必然有益人際關係而造訪。

營業主管應指導項目

對於這種類型的業務員，營業主管要明確告訴部屬，對目標不明確的造訪，是無法提高業績的事實。訪問目標愈明確，愈能對準顧客話題的焦點，自己的意圖才能進一步深入。然後再稍加努力，使再次訪問更進展而完成簽訂合約的意願。

訪問目標，常見項目如下：

- 對前一次的商談再做進一步的洽談。
- 確認上次提案之結果。
- 嘗試改變對方的想法。
- 嘗試與前次不同的方式，再重新交涉。
- 將前一次的課題提供答復。
- 再次追問前次打聽不出的事。
- 說明公司的新產品和方針。
- 收集競爭對手（商品）的情報。

• 獲取關鍵人物（人脈）的資訊。

• 確認是否有真意交易（購入）。

• 把握客戶商品通道或庫存貨品的（動態）資料。

業務員對照各項提示，可以使訪問目的更一步明確化，還可以減少毫無意義的造訪。也許有些客戶在目前階段還無法明確化，此時可以根據提示再加上過去的訪問內容研究分析，便能找出訪問的目標。有了目標，效率自然也會有所提高。

6

客戶平均交易額低的業務員

引入

K 君負責的客戶已有多年的老關係了，隨著客戶事業的擴大，可對自己的購買量並未增加。

K 君說，隨著客戶事業的擴大，應該對自己的購買量也隨之增加才對啊！於是 K 君就認爲自己的產品不行了。

面對客戶平均交易額低的業務員，身爲營業主管，你該如何施以援手？

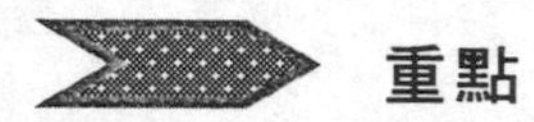

重點

雙方開展交易也很久了，客戶關係也比較深，可交易額一直在保持原來的狀態，絲毫沒有增加，業務員既困惑而又迷茫，真不知問題出在那裏。

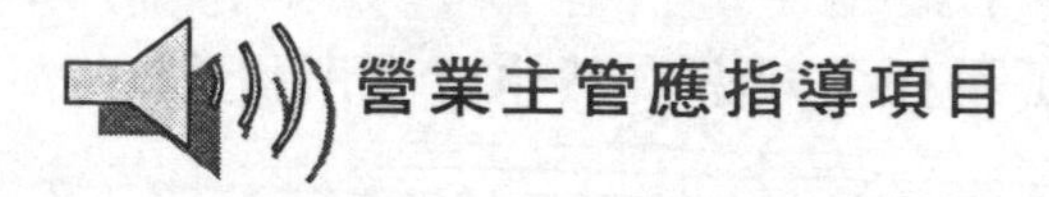

營業主管應指導項目

問題出在那裏呢？一般來說，購買量一直不增加的原因不過是以下幾種：

①客戶本身的購買力沒有增加。

②雖然客戶的購買力增加，可是被競爭對手搶去。

③雖然推銷不少商品，可是只集中於一部分主力商品而已（對一家客戶並無全面綜合性的商品銷售）。

針對以上三種類型，營業主管在指導業務員時應針對下藥。如果已斷定客戶購買力不會增加，不要守株待兔，而應以其他客戶來彌補或開拓新客戶。例如，向經銷商建議「用什麼方法較能暢銷」，或對消費者促銷「最佳使用方法」等途徑。

營業主管要指導業務員工作的方向，在此例中，要加強「對客戶營業額的佔有率」，這是重點關鍵。

表 2-6-1　提高客戶交易額· 佔有率的目標

年度目標	前年度	本年度目標	成長率
總採購額	100 萬元	130 萬元↗	130%↗
設定比前年提高 20%目標的營業額時			
交易額	50 萬元	60 萬元	120%↗
佔有率	10%	9.2%↘	92%↘
設定佔有率目標提高 12%時			
佔有率	10%	12%	120%
交易額	50 萬元	61.8258 萬元	148%↗

商品化程度越高，競爭會越激烈，雖然客戶購買力增加，但被競爭對手所奪的現象屢見不鮮，面對這種情形，首先不要驚慌，爲了要弄清實情，需將今年度與前年度的客戶採購力（金額）與本公司的交易額加以對比和分析，看看本公司的成長率是否恰當。因此，不是設定今年比去年銷售成長了百分之幾，而是要設定本公司對客戶的佔有率目標及多少交易金額來挑戰。如上表：

如果是只集中於一部分主力商品導致營業額不增加，必須將商品綜合性推銷，對於「不是主力商品不推銷」的觀點，是錯誤的。

給公司所有商品列一份明細表，從表裏找出沒有進行交易的商品，嘗試著交易，不失爲增加交易額的好辦法。交易品目檢討表的製作見下表：

表 2-6-2　交貨品目檢討表

客戶名稱 ＼ 商品名		A	B	C	D	E	F
1		○	×	×	×	×	×
2		○	×	×	○	×	×
3		○	×	○	×	○	×
4		×	○	×	×	×	○
5		○	○	×	×	×	×
6		○	×	○	×	×	×
7		○	×	×	×	×	×
8							

○有交易的商品　×無交易的商品

7

毛利率低的業務員

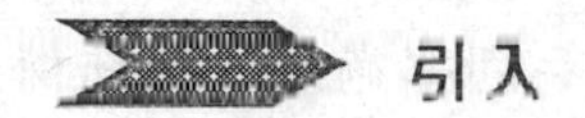

引入

「賣出去就是硬道理」。C君的客戶真不少，橫跨東西兩大區域，分布廣，交易量也多。每個月C君的營業額高達百萬元，遠遠高出同單位其他同仁。

可是，高達百萬元的營業額，毛利率却只有僅僅的數萬元，遠遠低於公司的營業要求。C君雖然有可觀的營業額，可月底拿的獎金並不多。

面對「只賣而不考慮賺」業務員，毛利率低，身爲營業主管，你該如何進行指導？

重點

客戶也不少，營業額也很高，可公司整體核算下來營業額目標達到了，却並沒有多少盈利。核查原因，不是平常業務支出過大，而是毛利率低惹的禍。

爲何毛利率低，造成的原因有許多種，比如：

①企業形象不佳，產品也不好。

②業務員無視於利潤，只著重容易推銷的商品。只追求總

體營業額而輕視其利潤，只賣不賺。

③業務員所擁有的客戶層，只有對打折品才有購買欲。

④因爲業務員的評價以營業額爲中心而輕視利益。

⑤業務員缺乏足以滿足客戶的商品知識，也無法提供企劃提案，而不能增加商品的附加價值，只銷售低於競爭對手的價格產品。

⑥缺乏對業務員確保利益率重要性的意識教育。

毛利率低的情況是要改變的，因爲毛利率過低，無法保證企業正常運營的。針對以上的因素，比如是否真的無法推銷利益貢獻度更高的商品？是否教客戶商品知識也無希望銷出的商品，必須仔細加以檢討，找出問題的癥結。

營業主管應指導項目

按客戶別、商品別設定毛利率目標，如果這樣仍未達成目標時，應重新檢討推銷的商品及客戶的性向，著重於切實能獲利的商品才行。

觀念上要突破。應該從「量」的營業戰略改變爲「質」的時代。也就是說，應從「粗糙銷售轉爲精致的販賣」，從「毛利低轉爲毛利高」，將業務員的能力大幅提升。

不管怎麼說，歸根結底，應該把利益貢獻度較高的商品爲銷售重點，並以業務員別、客戶別劃分而做的管理才對。但同時還是要提高戰略商品的營業額結構比率，只有這樣才能使全體毛利率得到提高。

拒絕銷售新產品的業務員

引入

公司的新產品已開發出來很多天了，可就是遲遲得不到業務部門的配合，上市鋪貨率相當的低，雖然營業主管三令五申的告誡部屬推廣新產品的重要性，可就是得不到部屬們很好的落實。

業務員們都反應：「介紹、推銷新產品太辛苦了……」

「新產品不好賣！」

如果你是營業主管，你將如何儘快指導部屬進行新產品的銷售？

重點

時代在進步，產品也在日新月異不斷翻新，對於新開發的新產品而言，要走上市場銷售順利的道路，可能大半還要依靠宣傳或業務員腳踏實地努力的結果才暢銷的。

可是對有些業務員而言，原來的產品具有知名度及穩定銷售路線，不需努力就能推銷。同時爲了達成業績的目標，不願多耗時間在新產品的介紹上，寧可依賴原來產品主打天下。對新產品開發的費事費力漠然處之。

新產品若難以成爲主力商品、利益商品，當然也無法促成企業的發展，所以研究訂立新產品的銷售體制，是當務之急。

營業主管應指導項目

爲何新產品賣不出去，以業務員的立場來分析具有下列因素：

①新產品的銷售金額（或比率）沒有設定「部門別」、「業務員別」、「产品別」及「客戶別」。

②業務員的商品知識不足，無法積極推銷。

③新產品需更大力氣推銷，所以偏重容易提高營業額的現有產品。

④無確定的市場（客層）銷售路線及促銷要點。

⑤因業務員對新產品嗜好不同，而不願意銷售。

⑥新產品在實施促銷活動時還能銷售，但宣傳期一過便無法再繼續推銷（缺乏依靠自己的推銷能力）。

⑦新產品若被當作爲吸引的目標會影響既存商品的營業額和利益。

⑧以爲新產品只不過是增加客戶的庫存量而不能賣銷到用戶那裏。

困難固然不少，但是，業務員如不能將新產品銷售出去，便無法超越競爭對手，個人也不會有長遠的前途。作爲公司來說，也不會有更好的發展，容易產生經營危機。

表 2-8　新產品銷售計劃表

客戶			○○商品	△△商品	××商品			合計	摘要
1	建國商店	目標	30 萬元（3 台）	20 萬（3 台）	15 萬（2 台）			65 萬	
		實績							
2	大同商店	目標							
		實績							
3		目標							
		實績							
4		目標							
		實績							
5		目標							
		實績							
6		目標							
		實績							
7		目標							
		實績							
8		目標							
		實績							
計		目標							
		實績							

營業主管的任務是艱巨的，只是叫喊「多銷售新產品」也是無效的。

首先要把任務明確化以制訂相應的措施來改善這種局面，即：要制訂分配客戶別的目標，及設定月間銷售額內，業務員必須包含多少百分比的新產品。目標要具體明確化。見表 2-8

所示。

要徹底瞭解新產品知識。一般而言，不具備產品知識就無法提高銷售意願，營業主管要安排時間、有系統的教育，介紹新產品的製造工藝、原料、質量、種類特徵、促銷重點、價格和競爭品優劣等等相關聯的商品知識。具備這種商品知識後，才能達到說服客戶的功力。

在心態上，營業主管要灌輸業務員：「新產品是公司的命脉」，並且努力去推銷。

業務員的觀念意識要改變。有些業務員或許因「不喜歡這商品」的個人喜好，或依過去業務經驗判斷而去銷售，因此，要讓部屬認爲「積極銷售新產品乃是他們的使命與責任」，同時全體要致力於研究銷售新辦法。

9

時常訪問但業績不佳的業務員

引入

K 君曾爲了一個客戶，經常進行頻繁訪問，可經常訪問的收穫並不理想，客戶總是以種種理由爲藉口搪塞。

拜訪次數多，遲遲拿不到訂單，月底快到了，主管頻頻催業績，K 君士氣低沈，臉上充滿著愁容。

K 君是明顯「苦勞大於功勞」的人，但是苦勞不代表功勞啊！

面對時常訪問，訂單拿不到，業績就是不佳的業務員，身爲營業主管，你該如何對其進行指導？

重點

和客戶的關係不錯，又能勤加訪問，但就是無法提高銷售業績，業務員對此極爲苦惱。

「我沒有做錯呀，一直是按銷售的正常條件和規範進行的」。

那麼問題到底是出在那兒呢？經過營業主管的一番分析後，其原因可能是：

①客戶顯然無意購買，但業務員還是照常訪問。

②業務員茫然訪問，無强烈的銷售意識。

③業務員茫然訪問，缺乏銷售技巧。

④被競爭對手掌握佔據，無論訪問多少次也無法完成交易。

營業主管應指導項目

影響業績不佳的原因可能還不止這些，以上是最主要最常見的影響因素，針對這些因素，如果客戶沒有購買力或銷售力，業務員仍照訪問，營業主管在確認實際情況後，應勸部屬中止訪問這些客戶。

接下來，業務員應將多出的時間轉向其他的客戶。業務員也許會碰到銷售力相當强的客戶，或競爭對手的商品條件太優越，而對手與客戶之間的人際關係又牢不可破，即使業務員拼命想要攻陷而不斷訪問，但也是徒勞無功，最多充其量客戶只是補充性或象徵性地購入少量商品而已。在這種情形時，單憑業務員的實力改善這種狀況是明顯不足的，營業主管不要只放任業務員苦苦支撐，而要傾注全公司的力量去協助爭取。

茫然性的貿然訪問，欠缺强烈的銷售意識，業務員訪問客戶時不知要做什麼，只反覆說明新產品或推銷，缺乏新的話題，流於問候形式的訪問徒無意義。

有些客戶說道:「那家企業的業務員常來我店裏，但不知來幹什麼，也不知在什麼時候消失(離去)。」這是一個最常見的最極端例子。

營業主管不要只會指責部屬「拜訪後沒績效」，而要協助部屬「如何去拜訪才有績效」，這才是成功主管的最高境界。

營業主管要指導部屬從「有什麼需要？」應該轉變爲「需要什麼？」的觀念，比如主動幫忙店頭零售，收集同業界的資訊，互相交換心得，及提供銷售企劃等。主管應從側面指導與支援，尤其是業務員接洽到結束（商談締約）的一連串程序內最爲重要。

10

和客戶糾紛多的業務員

引入

小王與客戶的糾紛總是不斷，有要求退貨的，有中途退出交易的，連有些老客戶也與小王對立起來。

小王是接收前任同仁的業務，可前任同仁在與客戶進行交易之中，卻很少發生這些事，怎麼一到小王的手，事情就突然複雜起來了呢？

面對和客戶糾紛多的業務員，身爲營業主管，你該如何對其進行指導？

重點

在商品營業交易中，產生糾紛的現象很多，追究其原因，可能是客戶或業務員，客戶造成的原因這裏姑且不講，而業務員所造成的又可分爲兩種，即本身的個性和業務操作的方式。

防患於未然更重要。假如發生糾紛可迅速找出其原由，事情也不致鬧大，或者應在事情未發生前進行預防，不要等到糾紛發生了才處理。

業務員的壓力大，稍不慎即有糾紛。每天面對客戶，而客戶又是參差不齊，業務員平日應講求溝通，做好所謂的人際關係，即能掌握其個性及心意，並懂得如何對應，就能在事前預防。

營業主管應指導項目

依經驗來看，人的個性因素會影響糾紛產生的現象，外表正經、對事物愛鑽牛角尖，個性陰沈的人較容易與人磨擦；而態度開朗、講話時表現愉快，又能提供前瞻性話題的業務員，會受到客戶的歡迎和親近；外表浮華，談話內容忽左忽右，不知所云的業務員，則會喪失客戶的信賴感。沒有信賴、缺乏親和力作爲基礎，往往事前就埋下未來產生糾紛的種子。

聆聽也很重要。要靜下心來仔細聆聽客戶的意見，只有聆聽，才知道客戶需要什麼，對你期待著什麼，能够事前掌握客戶的需求和意見，相應地採取行動，多半糾紛也不會發生。

爲了杜絕糾紛的產生，要注意以下事項：

①聆聽客戶的話。

②答應處理的事情，應遵守諾言。誠信爲本。

③聽不清楚內容或無法理解時，應再問清楚。

④不要貿然下決定。

⑤把握客戶說話的真意。

⑥確認「有關這問題，我想這樣解決可以嗎？」

如果注意了以上這些事項，糾紛多半也不可能發生。

此外，營業主管要告誡業務員「隨時收斂自己的脾氣」，喜怒哀樂不形之於臉色，就像演員可以演出和自己完全不同性格的角色一般。

但有時有些業務員不能將自己的喜怒哀樂收藏起來，他會認爲「我的個性就是這樣，要我改變是不可能的」，而認定自己不能演員般扮演不同個性的角色，如此又怎麼能和客戶交易呢？事實上，業務員的工作和演員一樣要有「作秀的精神」來推動自己的工作才行；營業主管應要求業務員，要有「責任感」的顯示自己臉色。

當然，一個巴掌拍不響，有些客戶本身也存在問題，比如有些客戶過分提出無理要求，甚至到了不合乎常理的地步，年輕的業務員或許無法處理，這時營業主管有必要指導及追踪調查，對於過分的要求也要採取適當的抗拒。有時適當的抗拒也是處理產生糾紛的一種方式。

11

客戶逐漸減少的業務員

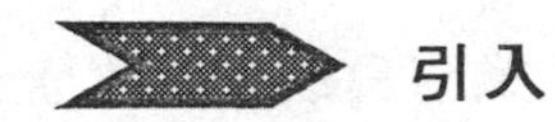

引入

公司的業務員不多，可負責的區域可不小，因爲網大魚自然多，績效自然會好。可是，最近不知怎麼了，業務員們所負責的客戶是越來越少了。

「一招鮮，吃遍天」。難道經營方針偏離市場了，還是部屬沒有努力，面對客戶逐漸減少的局面，你將如何指導部屬收復失地？

重點

與客戶關係也不錯，業務員的工作也很認真，可是客戶却在逐漸減少。這是什麼原因呢？客戶應該逐漸增加才對啊。一般來說，客戶逐漸減少的理由可能是：

①客戶自然減少。由於客戶的營業不振，使購買量減少，交易自然中斷。或是週轉不靈、倒閉等對方的原因造成。

②業務員沒有進行促銷活動，使交易中斷。由於不積極建立人際關係及提供資訊，在不知不覺中交易消失的。

③因競爭對手攻勢淩厲，客戶被一一奪走。由於對手提出更有利的條件，無法防禦同行業的攻勢。

客戶減少，無疑會影響企業的整體利益，營業主管應該是要相應的一一採取對策了。

營業主管應指導項目

針對客戶自然減少時，不必感到奇怪。客戶因長年經營業績惡化，造成客戶的減少是難以避免的。業務員或營業主管如果能對客戶施以援手、助其東山再起最好，如果眼見無望時，一定要決定停止交易。這樣可以避免經營中的風險。

同時，要計算自然減少或其他原因所致而中斷交易的客戶比例，然後培養能隨時取而代之的客戶，或另外開拓新客戶來彌補。

如果是業務員沒有進行促銷活動而使客戶減少，那麼營業主管要告訴部屬，可能是你的日常活動存在問題，要經常檢核。檢查的要點是：

①和客戶產生糾紛，是否處理得讓客戶滿意？

②有無繼續進行均衡的訪問。

③和客戶的經辦人是否有公餘時的交情。

④訪問時，是否提供有助於客戶的資訊或銷售企劃。

⑤業務員的爲人，對客戶是否留下良好的印象。

針對檢查的要點，營業主管要把握問題的癥結，坦誠加以勸戒。因爲確保客戶的基本原則是經常的訪問並多給提案和熱誠對待的結果。

將自己曾辛苦開拓的客戶輕易喪失，代價是巨大的，開拓新客戶來取代相當不容易。

如果業務員踏踏實實地做事，自然有一套防備對策，可以預防競爭對手的入侵。

例如競爭對手出售產品作爲擴張市場武器時，對自己的主力客戶採削價或回扣引誘手段，提供比自己更有利益的銷售計劃時，我們要多加留意，並迅速採取反擊手段或保護客戶的措施。

一般商品價格、促銷方法，各公司之間差距不大，差別之處是業務員本身，所以說，業務員是導致客戶消失和增加的主因。

適時的提醒業務員，被競爭對手搶走客戶如同打敗戰一樣的屈辱。這種提醒，以便使部屬樹立起强烈的競爭意識、求勝意念。

12

與客戶不投緣的業務員

引入

小王所負責的客戶，經常來到公司投訴，投訴的內容都是些與小王有關的話題，比如，雙方默契不够、抱怨也得不到處理等等。

可是小王卻感到委屈，人與人之間是平等的，我幹嗎要對對方無理過分的要求去一味迎合呢？不是我與客戶不投緣，而是客戶故意找我的麻煩。

小王鑽進了死胡同。身爲營業主管，你該如何對這類部屬進行指導？

重點

有句話說「先推銷自己」，再「推銷公司」，最後才「推銷商品」。這話真的一點都沒錯，任何的交易活動與往來都是建立在良好的人際關係基礎上的。所謂「與客戶不投緣」就是之間

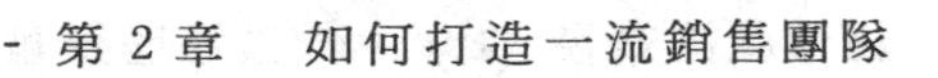

的關係不好。

營業主管應指導項目

開始與客戶建立人際關係時，必須分清買方和賣方的立場。站在個人、社會的立足點來看，雙方都是平等的，可是區分爲買方和賣方後，買方具有商品選擇權購買決策權。因此買方立於較優的位置，這是營業主管要提醒業務員小王的。

在交易活動中，客戶將商品好壞、服務優劣、價格是否公道、付款條件、乃至業務員的態度綜合評價，來考慮決定購買。如何讓客戶得到最大滿足是業務員的任務與職責。

依業務員的立場來看，客戶可分爲兩種類型，即容易親近型和不易親近型。前者自不必說，後者卻讓業務員感到棘手。處理不好時，不但賣不成商品，反而要鬧糾紛。

部份客戶認爲，他們掌握著買與不買的決定權，所以在訂購時態度傲慢甚至有些苛求。這類人所佔的比例真還不少。但是無論如何，牢記住本身賣方的立場，不可讓客戶感到不快，才能與客戶「投緣」。

「先推銷自己」的宗旨，涵蓋著業務員的立場與態度，在指責客戶之前，業務員也要檢討一下自己的態度。自身的態度是與客戶之間的潤滑劑。比如：

①是否保持微笑接人待物。

②開朗的態度和積極提供話題。

③是否把握對方的想法和需要。

④無論對方多刁難，是否願意建立良好的人際關係。

⑤是否找出客戶的優點，並加以贊美。

⑥業務員是否多聆聽了客戶的意見。

能否獲得客戶的信賴感，是業務員個人的品性、商品知識、推銷技巧的綜合而造成的。比如有時候帶一點小禮物給客戶或有時一起吃飯談一些生意以外的共同話題增加彼此的感情，表達熱忱關懷的心，來打動客戶的心弦。

但是，僅僅做好客戶的人際關係是遠遠不够的，在交易購買時、購買後，究竟可讓客戶獲得多少利益的說服力同樣重要。只有打動客戶的心扉，才能促使交易的成功。

如果萬一業務員真的無法改善與客戶之間的「不投緣」關係，營業主管不妨把該業務員調派其它區域，另換新人，或自己親自拜訪，往往也會收到一些意想不到的效果。

要記住，令客戶滿足才是營業高手。

13

無固定客戶的業務員

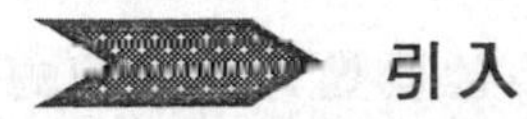

引入

M 君是快刀斬亂麻行事如風的人，他的攻堅戰打得相當不錯，對其他同仁久攻不下的堡壘都不在他的話下。

可是久而久之，他却成了打一槍放一炮的過客，只顧攻城奪地，大後方却是屢屢失守，客戶的面孔也在不斷的翻新，毫無固定客戶可言。

面對攻擊性較强，客戶不變的改變，無固定客戶的部屬，你該如何指導？

營業主管應指導項目

業務員分很多種類型，有的善於進攻，有的善於固守，真正攻守自如的不多。有些業務員只擅長開拓新客戶而積極進展，但是交易一兩次後再也無法維持下去，那麼什麼原因會造成這種局面呢？主管應解決下列現象：

第一：靠便宜的價格為武器

價格便宜，就意味著有利潤可賺。剛開始時，客戶對廉價的優惠商品感到有興趣，但廠家不能長期按此價格銷出，要求恢復原價的同時，交易就中斷了。

只靠巧言令色，牽强以便宜價格銷售，是不能維持長久合作關係的。如果業務員不能做好售後服務，剛開始時還有說服力，但交易一段時間後會自然中斷。因此，不能輕言說出不可能做到的事或草率地給予承諾，有時優惠銷售和强迫推銷還會衍生出糾紛和無法收回貨款。

所以要與客戶保持長期的合作關係，必須雙方要有良好的人際關係和信賴感同時存在作爲基礎，連續性的訪問及對推銷商品的輔助活動是不可缺乏的。這也就是「先推銷自己，後推銷商品」的原理。

第二，業務交接不當時

業務員所負責地區的對調是很正常的，但是在對調過程中，客戶交接顯得尤爲重要。

對自己所開拓的客戶會珍惜，但是對於前任業務員所接辦的客戶，則不用心維護的例子很多，常常因接辦的人能力不足，使客戶逐漸減少。

對於一個問題，可能會有一千種解決的辦法，但不管如何，從前任業務員手上交接過來後，都應全力對待，不可掉以輕心。

第三，選擇客戶不仔細

選擇客戶進行開拓時，由於開拓的對象不同，維護固定的程度也迥異。有些客戶愛貪便宜，而有些只想先購買一次試看銷售情形，再決定是否繼續交易。更有的客戶只爲了牽制別家廠商，暫時性來採購的。所以在選擇客戶時要選定新客戶的基

準，以挑選良好的客戶。

表 2-13 新開拓客戶的選定標準

年　月　日

項目＼評價	3 分	2 分	1 分	評 分
1.店面（坪）	30 坪↗	20 坪↘	10 坪↘	
2.地點條件	良	普通	惡	
3.經營者年齡	年輕	中	老年	
4.（月）份營業規模	600 萬↗	500 萬↘	300 萬↘	
5.發展性	↗	→	↘	
6.員工人數	10 人	5 人↘	3 人↘	
7.經營內容	良	普通	惡	
8.○○商品的購入率	30%↗	20%↘	10%↘	
9.主要交易廠商	○○廠商	△△廠商	××廠商	
10.收益率	↗	→	↘	
			計	

基準
- A 級 30～25 分（開拓對象）
- B 級 24～17 分
- C 級 16 分以下

總級結數	

14

欠缺營業氣質的業務員

引入

A 君是剛進公司不久的新人，在與客戶開展業務中，無法去迎合客戶的基本願望，言談木訥，到月底，新客戶的開發與業績自然也不理想。

作爲新人，又具有可塑性，況且公司目前正需要大量人手，身爲營業主管，既要想讓 A 君留下來，又要培養其成爲業務中堅，該從那些方面進行指導？

重點

營業氣質到底是指什麼，其定義是因人而異，很難說明清楚。但缺少營業氣質却很好界定，他們常見的共通特性是「個性所造成的」、「不能靠教育培養」、「束手無策」和「不適合當業務員」等等，這些缺點都是業務員的致命傷或是薄弱之處。

營業主管應指導項目

人以群居，物以類分。具體分析到底，那麼業務員在什麼

情況下表示缺乏營業氣質呢？常見的有以下幾種：

①想法（思考）和目的脫節。

海闊天空滔滔不絕，所談內容和營業方面差距過大，以使週圍的人啞然以對，沒法參與共同的話題與興趣，在此用於欠缺氣質來形容最恰當不過。

業務員的思考，應建立在符合現實的基礎上，從實際出發，不然就會被聽衆（客戶）孤立排斥起來，被人瞧不起。只有在充分的營業知識與相當高的業績的前提下，來發言才會有聽衆，才會和聽衆（客戶）打成一片。

②言論和主題有差距，出入較大。

談話的內容也不少，可是談話的內容奇怪，讓人懷疑「說不定這個人腦袋有問題」。只談些與主題無關的話，縱使時間再長，拜訪的次數再多，只會讓人產生反感。

這種類型的業務員便只管自己想說的話，不想聽別人怎麼說，搶著發言搶著判斷，單方的思想觀點導致脫離主題。「怎麼能和人對談而瞭解對方」，才是問題的關鍵。

營業員的談話，要先在腦子裏整理出問題的重點，瞭解別人的想法後再發言也不遲。

③無法和客戶談得投機，配合不默契。

所謂投機，就是默契的意思。可有些業務員只會吹噓自己的嗜好、聊天，無法掌握客戶的興趣所在。這是缺乏理解力、判斷力、邏輯思考力的緣故，單方面的嗜好是無法引起共鳴的。

業務員說話要有重點，做一個好聽衆，儘量多讓客戶發言，多聽聽對方的見解，才能掌握問題的核心。

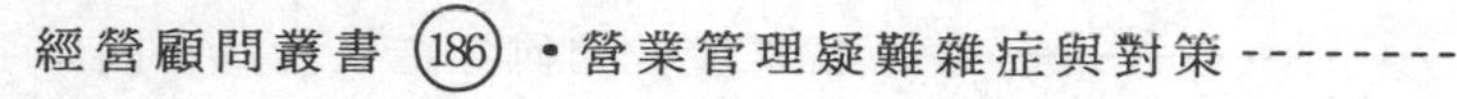

④**缺乏提高利潤的意識，「賣出去就是硬道理。」**

只是依惰性、義務性進行交易，或只是站在客戶的立場去看待問題，甚至自動打折扣來接受客戶減價的無理要求，誤認爲「只要提高營業額便完成任務」、「賣出去就是硬道理」，忘記了銷售原意。

這與其說是業務員缺乏自覺性，不如說是營業主管對部屬的教育不徹底較爲恰當，或是該企業的營業中心體制出了問題。

營業的根本目的便是確保利益。如果沒有利潤，也無法維持企業的良性發展，生存的空間就會縮小。同樣的道理，如果企業沒有利潤，業務員也拿不到相應的報酬。

⑤**缺乏推銷商品的意識，盲目行動。**

業務員的首要任務就是要推銷商品，收回貨款，完成交易活動。如果缺乏推銷商品的意識，對營業的問題敏感性不强，反而關心自己有興趣的事物，平時言行皆脫離營業的範疇，因此，也可以被稱爲「欠缺營業氣質」。

對這種類型的業務員，營業主管須要反復叮嚀「你擔負什麼任務」、「去見客戶的目的何在」等問題核心。實際上，這類業務員即使訪問客戶因其目的意識不明確，談話內容沒有重點，訪問次數再多也沒有實質上的意義。

⑥**態度與服裝不協調，難以與客戶共處。**

能否獲得週圍人的人脉資源，全靠業務員本身的觀念。

有風度的業務員是，不以自我本位看問題，而是依客戶或主管及週圍的人所下判斷爲基礎，再来判断问题；而欠缺氣質的業務員，只站在自我本位上去思考，不能替同事或客戶的立

場去著想。

態度和服裝都是可以改變的，主要是看業務員有沒有改變和適應週圍環境的意識，這種意識營業主管也可以坦誠地向部屬指出。旁觀者清嗎？不然有些業務員就是在死胡同裏出不來。

綜合以上分析，所謂的「欠缺營業氣質」，多半是指該業務員沒有明確把握住職責問題的核心點而已。

15

剛進入公司的業務員

引入

公司剛剛從院校招聘回一批畢業生來充實業務部門，可這些職員書生氣太濃，往往是「畫龍畫虎紙上談兵，理論較强，但一臨陣就個個手忙脚亂」。

要想使新進人員都能成爲一流業務高手，身爲營業主管，你該如何指導？

重點

每個公司與每個公司的運作方式不同，企業價值觀更是南轅北轍，某位業務員在一個公司幹可能很優秀，但並不代表到另一家公司工作同樣出色。這就是公司文化、公司方針差異所

在。

大多數知名公司都會對剛剛招聘進入公司的新人，進行教育或培訓。培訓的內容大多數是專業知識、公司經營理念和企業文化等，培訓結束後還要進行實習，然後才去面見客戶。

早期，有些公司的營業主管也會採用一些苦練法，也就是對剛進入本單位未培訓好的新人，就趕出辦公室，獨自讓他去開拓新客戶，讓他在日常的交易活動中，逐漸提升，自學成才，這種苦練法，確實也能造就一些人克服困難而成爲一流的業務高手，可也有一些人因無法適應新環境，而淘汰出局備感困惑。

對採用苦練法的營業主管來說，他是怔怔有詞，因爲他自己當初新進該公司時期，就是這樣去展開工作的。爲了使部屬也能經得起同樣的考驗，如法炮製「邊跑邊學」的方法。

這種苦練法並沒有得到多數者的認同，特別是在高科技與資訊日益發達的今天，單憑自己的吸收意識而不具備專業水準，無疑是自撞墻壁，用力不討好。

營業主管應指導項目

如何對剛剛進入公司的新人進行有系統、有專業化的培訓呢？

一方面讓業務新人瞭解商業常識，才不會魯莽。然後培訓商品知識，「瞭解產品才會熱愛產品」，其次，業務員的推銷技巧、管理能力，是不可少的訓練重心。

首先，讓剛報到的業務新人學習業務的基本常識，從常識中去理解業務的基本概念及做法，輔助其熟悉商品知識及基本技巧，有了商品知識，才能開始進行業務訓練。

再則，要對新進入業務領域的新人開導本業界的習慣特殊性例。俗話說：「隔行如隔山」，行業不同，差異也比較大。實行半年期間的教育，在邊培訓邊跑市場的結合中，讓業務新人直接觀察其推展業務的方法與技巧，這種方法所取得的效果，真的不錯。

如果能取得客戶的認同和參與感是最好不過的，只有客戶的認同和參與，才會產生購買的慾望，也才能完成交易活動。面對經驗豐富、年長而見多識廣的客戶，與其裝著自己很了不起，什麼都懂，還不如和顏悅色地表示「我剛工作不久，還希望你多多指教」等低姿態接觸。

人都是有虛榮心的。有些客戶或許會「原來如此，我會教導你」等想法。有了這種想法，不但樂意開導你也願意購買你的商品，這就是「先推銷自己」的魔力。

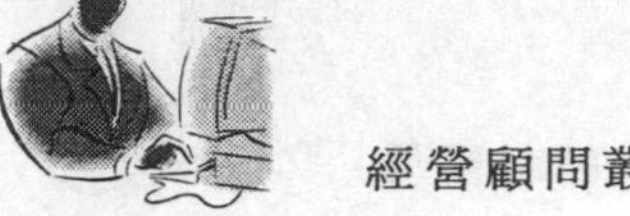

16

企圖心很大的業務員

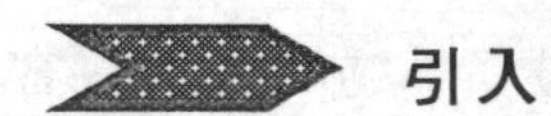

引入

A 君服務這家公司已有多個年頭了，他的業績相當不錯，風評也很高，公司對此相當的器重，可是他最近卻遞上了辭職報告，報告中這樣寫道：「非常抱歉，我要提出辭職………………………………………………」。

衆所週知，這五年來，我已兩度贏得『今年最優秀業務員』獎狀。我的業績每年都增加 50%以上。過去我更贏得了春季銷售大獎。我的平均銷售額一直都是本地區最高的，而且我每年的考績，都是最優等。

雖然我得到了紅利，我的薪資也不斷增加，但是，我卻得不到滿足，我希望成爲一位經理。」

面對這位業績甚好、野心也大的業務員，既要不能讓 A 君辭職，又要 A 君繼續爲公司效勞，而又一時無法滿足他的慾望與要求，如果你身爲他的營業主管，你應該採取什麼措施？

重點

成為營業主管有許多條件，至少「專業推銷能力」和「管理能力」不可少。

明星型業務員的野心很大，他希望成為一位銷售經理，但公司不一定有經理的空缺，就算有經理的空缺，這位業務員也不一定够格成為銷售經理。

營業主管應指導項目

營業主管首先必須要考慮以下幾個衝突的問題：

①營業主管答應他的要求，晉升明星型業務員，會不會因此而喪失一位得力的業務員呢？

雖然招募、訓練一位合格的業務員，可能需要六至十二個月的時間，而且他的能力可能不如明星型業務員。業績下降，將對營業主管不利。

然而，一位優秀的營業主管，不但應該接受這項不可避免的損失，更應要鼓勵、協助條件良好的明星業務員達成晉升的目標。否則，他也將失去他們——野心很大的業務員會跳槽到另一家公司，得不償失。

②營業主管是否應該向業務員承諾他的晉升，或者向主管建議他的晉升？即使他可能無法履行這項承諾。

營業主管可能認為他業務能力很好，足資晉升。但是，其他主管也可能提出够格的業務員，來競爭晉升機會，所以，你無法實現「再跟我一年，你將得到晉升」的承諾。

然而，營業主管可以承諾、建議晉升，並予以支持。當然，在這種情況下，你也無法確定晉升的時間。

③明星型業務員如果缺乏重要條件，無法晉升時，營業主管是否應該冒著失去明星業務員的風險，告訴他實情呢？

營業主管需要勇氣和技巧，才能向明星型業務員的自我印象挑戰。這項挑戰並不愉快，主管一定會碰到挫折。最理想的方法是讓明星業務員自己承認他的缺點。這一項分成三部分方案，對營業主管將有很大的幫助。具體是：

A：先假定明星型業務員是一位具有晉升潛力的經理候選人，和他一起填答「未來經理之資格評估表」，看他取得的成績如何。

B：對明星型業務員的弱點，達成共同協議，並安排一項「特別的管理任務」，進一步提高業務員的管理能力。

C：安排定期的檢討會議，決定明星型業務員在公司管理發展計劃中的進展。

營業主管可以假定這位想要升爲經理的業務員具有晉升潛力，先給他一些特別的管理任務。這樣做有很多好處，明星業務員可以藉此機會獲得管理技能，並瞭解管理工作。最重要的是，營業主管可以證明證實或推翻他對明星型業務員的初步評價，借此機會，讓雙方都有一個全新的對自我認識。

除非營業主管親自聽聽明星型業務員的聲音，不然，絕不可能知道他唱得有多好，當然，這個測驗也要給業務員一個自我學習的機會。明星型業務員瞭解管理工作的條件之後，他可能會發現，他並不是真的想做一位經理；他也可能發現，他所缺乏重要的條件，或那些重要的條件。

營業主管可以支付下列任務，令明星業務員加以學習管理技巧，尤其是「體會營業主管的切身辛苦」。

1.聘用任務
2.訓練任務
3.計劃任務
4.主管任務
5.考評、離職任務

△聘用任務

A：招募員工。

B：面談口試。

C：審核履歷資格。

說明：此一任務將協助明星型的業務員學習如何招募和面談應聘的員工，並審核他們的履歷資格。很自然的，明星型業務員在執行這些任務時，將會瞭解到經理的工作負擔。

△訓練任務

A：訓練新進業務員。

B：在銷售會議上發表特別談話。

C：參加沒有主席的小組討論和會議。

說明：明星型的業務員將可藉此機會學習到訓練新進業務員，並在無人領導的小組討論會上表現他的能力。他是否能夠成功的參與討論，將視他的觀念是否爲群體所接受而定。

△計劃任務

A：協助擬定新地區的銷售計劃，或修改原定銷售計劃。

B：提出產品銷售預測。

C:協助計劃一項銷售競賽,或是一項特別的產品推廣活動。

說明：這些任務可以測驗明星型業務員的分析、推理和創造的能力。

△主管（指導、激勵、控制）任務

A：向業務員解釋一項新方案。

B：指導實施新計劃。

C：對同事提出建設性的批評。

D：分析銷售費用報告。

E：提供有關競爭活動的報告或情報。

說明：這些任務需要明星型業務員指導、協調和控制的能力。另外，還必須透過其他人來完成這些工作，因此他最好能夠瞭解別人的希望和需要，而不是加以威迫。

△考評和離職任務

A：觀察離職面談

B：審查「僞裝」的同事考評。

說明：經理最重要的功能之一就是考核，此一任務可以使明星型業務員更加瞭解考核的工作。

營業主管可以利用以上這些特別的管理任務，讓明星型業務員暫時處在自己的位置，這些任務將可協助主管證明業務員的實力，並暴露他的缺點。同時，這些任務也可使業務員認識管理工作，瞭解到管理工作涉及到的責任和問題。通過以上這些任務可以告訴他，當一位經理並不容易，必須有完善的準備才行。

營業主管除了協助業務員瞭解管理的工作和責任之外，也應該警告業務員有關管理的「成本」。業務員可能不知道，他也許必須調職，而且可能必須犧牲家庭生活，花費大量的時間在工作上；他可能不知道或也未考慮，處理問題業務員所造成的不快。此外，他也應該知道，他正以得心應手的業務工作交換挫折、煩人的管理工作。

他也應該瞭解，他與其他業務員關係將會有所改變。作爲一位經理，他較爲孤立。經理的工作不只是聲望和權力，還有許多例行的瑣事，特別是行政負擔。

通過以上這些措施，營業主管應該知道對這位野心很大且又是明星型的業務員，該如何處置了。不管怎麼說，這位業務員的目的和願望沒有錯，畢竟，「不想當元帥的士兵，就不是一個好士兵」嘛！

第三章

如何與部屬並肩作戰

1

部屬多為年輕的新人類

引入

由於工作的調動，王君從一個部門調往另一個新部門任營業主管，可是這個部門是所謂「新人類」的集團，整個部門的平均年齡在二十三歲左右。自己雖然也不算老，能否與如此年輕的部屬保持著良好的溝通，真是一點把握也沒有。

生平第一次帶領這樣的團隊，該如何避免價值觀的實際差距與衝突？該如何讓部屬理解主管的方針，從而協力達成業

績，王君如何克服不安呢？

重點

比部屬大十多歲的王兵來到新任部門任營業主管，部屬也許有些困惑：這些叔叔能瞭解我們的心情嗎？讓我做我喜歡的事他能答應嗎？或誰來當主管對我們都無所謂，我只按自己的方式做事等等。

所謂「新人類」這一群年輕人對事物價値觀的看法，很多是會令中高年人覺得無法理解的，但是，他們的舉動和思維，並非與時代背離，說不定與時代社會脫節的，反而是管理階層的人。

營業主管應指導項目

所以，這類營業主管能與新部屬儘快打成一片，就要從以下三個方面入手：

①瞭解他們真正喜愛的是什麼？

年輕人有年輕人特有的思維方式，包括工作上的取向和行爲習慣等。營業主管必須先瞭解部屬什麼是他們喜歡的工作？或者是部屬認爲對自己有益的工作。自己喜愛的工作類型是什麼樣子的，是拼命的做事，不計時間與報酬的多寡，還是喜歡就是喜歡，僅此而已。

例如說喜歡這份工作是自己的嗜好，沒有往更深層次的方面去考慮，完全是取決於年輕人特有的衝動，還是所喜歡這份工作，能學習到經驗與技術，且能提升自己能力，廣結善緣。當然如果可能，最好還是輕鬆、待遇優厚的工作等。這是普遍年輕人的看法，無可非議；也許這種看法對營業主管而言，太過任性，一廂情願，但是，這又是不得不承認的現實。

營業主管要承認部屬這種想法，也要允許它的存在，但是要告訴部屬，這些想法，不要以違反紀律、任意恣行爲基礎，必須在遵守企業秩序的基本原則下，才可進行他們想做的事。

因此，只要他們能確實遵守規則，並且能達成目標，營業主管就應讓年輕的部屬選擇各自喜愛的工作方式，不要去過分干涉其做法，讓他們有自由發揮的空間。如果營業主管不能瞭解這些對自己有重要意義的做法，而一味強迫他們按自己過去的經驗開展工作，所採取過分的指導措施，將會事與願違。這就是年齡層不同所帶來的「代溝」。

②不要勉強迎合對方，立場鮮明。

妥協的辦法有時是不可取的。比如說，有時營業主管太過於介意新人類的部屬，而以求好心切的心理狀態勉強自己去迎合對方，想扮演「善解人意的主管」的做法，反而令對方感到「溫和但不够嚴格，不能明確的告訴我們什麼好，什麼壞」，而表示不滿。

從某種意義上說，不管是男性還是女性的新人類部屬，都希望自己全力以赴，以吸取更多的知識與技術能力，尤其對較具有領導潛力型的人而言，更是迫不急待，所以身爲領導的營業主管，若太過於去迎合對方，而缺乏年輕人所需求的嚴格態度，是令部屬大所失望的，心理失落的負面影響不利於推進工

作。

嚴肅認真的工作方式，往往也是年輕人所要求主管所給予的。一手軟的同時也要一手「硬」。軟硬兼施才是最好的管理方式。

③給予認同，不要過分介意。

所謂「新人類」群體，是年齡高出一大截的長者對年輕群體的一種觀念上的看法，是人生觀、價值觀與文化相交織衝突的產物。在年長的眼中，這類群體與自己差距太大，是不予認同的，所以稱為「新」人類。

新人類一般具有五種明顯的特徵：

△不能體會他人。

△不喜歡吃苦耐勞。

△比較溫和缺乏鬥志力。

△主管不給明確的指示，就不能做事的人。

△判斷力不強，對公司今後的發展方向不太關心，事不關己高高掛起的人。

也許還不只這些，以上這些特徵也是大多數年輕人共有的現象，所以新人類只是觀念不同而認同不一致罷了，雖然行動類型與思考模式大相徑庭，但之間的隔閡是可以用交流溝通的方式去解決的。

④培養默契，促進溝通。

默契是以雙方溝通為基礎的，培養相互之間的默契並不是一朝一夕的事，它是靠平常相互交往積累而成的。一般而言，培養默契採取兩種方法，一種是柔和型的方式，一種是武斷型

的方式。

柔和型的方式，是營業主管假設對年輕一輩的業務員做法不甚滿意時，不妨先回顧一下自己過去的經驗而站在「本來就這樣吧」的立場來感受，然後逐漸的扭轉觀念，以「應該如此」來教育部屬，這樣，慢慢會達成互相默契的境界。

武斷型的方式，是營業主管對任何做法不需仔細的指示，但對於業績的要求，却要嚴格的督導。例如「爲什麼做不好？該怎樣才能做到了」等給予公正的評價。或許乾脆說「只要最後的成果好，就行」。幾乎以武斷的方式要求部屬，然後使其逐漸互相達成默契。

使用那種方法更合適，並沒有一個標準答案，它是因人而異的。當然，在摸索年輕一代的想法，並不簡單。但身爲營業主管必須要咬緊牙根、努力觀察領會，雖然，如過去依靠報告資料來管理的方式，仍舊有營業主管沿用，但導致失敗的例子說明，不如痛定思痛這種方法的不切實際，改以培養互相有默契的關係，更能節省出時間、精力，而產生良好的成果。

可是，上司與部屬之間的這種默契，並不容易培養，除了彼此之間能進一步，退一步，站在對方立場推測其心思、其需求，否則別無他法。也就是說，以爲對方沒開口要求就不管的做法是不行的，必須仔細的觀察對方的狀況，即使部屬緘默不語，也要隨時的伸出援手，相信這樣的關懷，才是營業主管對待年輕一輩應有的氣度和風範。

要想水乳交融，打成一片，就必須上下自動自發的積極參與，但千萬不要有「能到這種程度，是理所當然」的輕視態度，即使稍嫌麻煩，也不要逃避和年輕職員接觸的機會，畢竟這樣關懷體恤的做法，自然會使部屬們產生相當的感激及期待，進而採取對應的行動回饋對方，從而使團體上下同心一致，徹底消除雙方之間年齡的代溝。

2

部屬多為年長資深的同仁

引入

M 君近期要榮升營業主管了，在這個部門中已幹了十幾年，終於媳婦熬成了婆婆，按道理說，M 君應該高興才是，可 M 君卻絲毫興奮不起來，這是因爲部門成員中有一個當年同期的夥伴，還有一個比自己資深一年的前輩，另外還有五個比自己晚一、二年的後生，真是一個年齡成串型的組織結構。

M 君對上司表示：「這樣的人員結構恐怕很難應付，我這新官恐怕無法勝任。」公司領導卻安慰 M 君：「這不過是公司內的編制職位問題，目前可能較棘手，但上司會支援你，希望你能把這個單位領導起來，提高業績。」

M 君是想把這個單位領導起來，可是面對著昔日經常一起嬉戲遊玩的同伴，今天變成他們的領導向他們發號施令，他們能接受嗎？自己能適應這種角色的變換嗎？這種情緒，會不會影響以後的營運。

重點

鯉魚跳進了龍門，昔日的夥伴一旦皇袍加身，這時部屬有許多困惑：爲什麼由他來當我的上司；或者誰當上司都與我無關，我只管自己的工作；上司向來都像花瓶一樣，還不都靠我們來做事等等。

在困惑的同時，思想意識上也有抵抗感，這時或許部屬會認爲自己的社會經驗較豐富，或在某一方面能力勝過新任主管的自負心造成的，或者部屬雖然肯定新任主管的能力，可感情上就是受不了。

在此情形下，多少會造成新任主管作業的困擾，可是如果有些人將這些不滿潛藏在心底即更棘手。

男性好鬥，何況昔日的夥伴一旦分爲上下級之後，相互對立的意識空前高漲，尤其是男性特有的嫉妒與競爭，往往比表面上更複雜更激烈。

營業主管應指導項目

是把昔日夥伴之間的關係轉換爲上下級之間的關係呢？還是一開始就明確的表明新官上任的權威性呢？新官上任三把火，這把火該如何燒才好。

①以友善的態度尊重部屬。

針對部屬都是中高年人的特徵，雖然活力不及年輕人，可他們都是企業的中堅，認真、忠誠，有多年的熟練作業技術和判斷力，另外，部屬的特長和弱點，新任的營業主管都一清二楚，避免短處，善用長處，使團隊更具競爭力。

友善務實的態度可以消除隔閡和代溝，你在尊重部屬的同時，部屬也同樣尊重你，所謂「投之以桃，報之以李」就是這個道理。

②消除自卑感。

一旦皇袍加身後，昔日的夥伴即使有太大的野心，但在回顧以往的狀況上，也容易有「我們沒有指望再往上爬了」的心態，如果這種想法愈演愈烈，就會形成只按部就班、得過且過而毫無進取心的團體。

每個人都有自卑感，這是人之常情，如何不傷及對方的自卑感才是問題的核心，所以不要說些粗魯失言的話，對部屬工作的盡忠職守，要及時加以積極肯定。刺激自卑的言行，會疏遠之間的感情。

因此，為避免這種現象的發生，營業主管應切記不要耍權威，而明顯的表示請他們幫忙較好，如「如能這樣做就太好了」、「如能做到那個程度，我就得救了！」而且，不妨更提出「像這樣應該怎麼做才好呢？」等討教的問題。對於部屬不辜負期待時，應不忘由衷的感謝，這些做法，並不是在奉承部屬，而是對他們的自尊心，加以敬重的一種心理技巧，畢竟在單位內上下級的關係之外，他們不是昔日的好友，用這樣心態來對應，相信必能確保他們的自尊。

③適時表明態度。

態度該怎樣明確，是很講究技巧的。讓部屬尊重工作的基本原則，是很重要的。

在這種微妙的上下級關係下，難免有些部屬仗著自己的長年經驗，而不遵守主管的指示，此時不論其多麼熟悉自己，若有問題者，都必須勸他放棄以往的做法而親切的教導他應怎麼改，以及爲什麼要這麼做，讓他們能心平氣和的理解接受。

此外，在態度上，平時不忘向他們表示「我經常留意你」、「我信賴你」、「營業主管很關心你」的心理承諾，使他們打心底裏「自己是否被看不起」的潛意識，能一掃而空；尤其適當的表示「我從來不排除你們，也不認爲你們能力差，但對於我說的基本事項，則希望你們共同遵守」。這樣，不僅能讓他們清楚你的立場，同時也能讓他們坦承的接受。

④排除不必要的嫉妒。

無論這個社會多麼重視實力主義，但對於一個與自己旗鼓相當能力的人來做自己的上司，自然心理上不好受；雖說新任主管的實力，在公司上下是有目共睹，但實際上，部屬的自尊心很難能够接受認同。無疑的，在男性充斥的企業中，仍舊難免嫉妒與羨慕交替排擠的現象，此時，新任主管必須有視其爲必然的心理準備，來進行部門內的一切營運。

在這個新團體之中，除了有同期的夥伴之外，還有比自己資深的前輩，這種微妙的關係造成了問題的複雜成分。如此身爲營業主管如何領導同事推展業務時，能巧妙的克服這些嫉妒、羡慕的心理障礙，值得玩味思索。同時必須瞭解的是企業中的人事，本來就具有籠統性，即使你自認爲當年同期內最優秀的，也不可以過於驕矜，應該退一步的自我檢討一番才是。

在適當的機會裏，表明「我只是運氣好，不過，希望借助各位的力量來共同推展業務」的態度。這不是用夥伴意識來討好而姑息部屬的手段，它是把主管的職權婉轉却明白交待大家的策略，比起自以爲是，採取權威態度的霸道作風，更能避免無謂的猜忌與怨恨。

要記住，針對年長、資深的部屬，越想以權威強制對方服從，越會遭到同伴們的排斥。

⑤不要時時以領導自居。

居高臨下，狐假虎威，是庸者的管理手段，這種手段常常會導致上下級之間的對立。

在業務的推展上，最好不要有過度的階級意識，爲了達成目標，應讓適合課題專長者來當企劃組長，讓其站在營運的中心來推動。

要給部屬提供一個互相競爭的平臺，大家的工作能力是以業績好壞來决勝負的理念，這樣往往可以激勵同齡資歷的部屬們的工作意願。因爲做主管的，若技不如人，便無法使部屬心服口服，所以營業主管不僅要具備經營管理能力，還要修得一套不輸給部屬們的專門技術本事，並且要不斷磨練精通。

此外，不要依自己的個人嗜好只和能投緣、較聽話、容易差使的人親近，因爲這種作風往往會導致派系的形成，使得部門內狼烟四起，部屬之間的關係四分五裂，各自爲政。

管理成功的關鍵，一面保持與各個部屬友好情誼的同時，另一面要以工作上的競爭成果來維持全體團隊的和諧，這樣才能平衡團隊的團結和凝聚力。

⑥創造機會給予部屬。

面對著與自己資歷差不多的同年夥伴，現在自己當了主管，在保持「友誼第一、當官第二」的原則下，應給部屬多個機會以供其發揮，千萬不要形成官僚主義作風。

積極提供機會給那些有實力，但因機遇不佳而尚未晉升的部屬，讓他們有翻身擡頭的表現機會，積極的使部屬的能力得到自我提升，由於能力的提升，可以榮調到其他部門，這種苦心可以造就自己的部屬，而晉升提任到其他部門的當主管，這也能成爲自己日後在公司中的人脈，對自己今後的發展，必定具有相當的正面影響。

所以，在對待同年資的部屬，有意識的替他爭取表現機會，促成高明有能力的外調別的部門，讓他大顯身手，往往可以獲得部屬的信賴感與期待感。

⑦保持適當的距離。

對於一個部門主管來說，既要經營，又要管理，身心所承載的壓力必然很大，未必事事都能順利圓滿，偶爾難免會有爭論的事情發生，此時雖然不要硬逞主管權威性的霸道作風來處理，但爲了負起主管職責需要表明是非好壞的立場時，就要堅决明確的確定，使部屬不得不遵從你的指示辦事，切記不可馬虎、放任、敷衍。

在下班後也要多少劃分上司與部屬的關係。下班後與部屬的關係照理說應該是平等的，但與上班時的行動是完全兩碼事。爲了在上班中能維持正常動作，在下班後與部屬之間能適當的保持一點距離方爲上策，除了考慮不可形成派系之外，也儘量避免與某些人特別親近，以免引起大家互相猜疑影響團結。

如果比自己年長或同齡的部屬，具有領導力，主管可多加利用，適度授權，讓他有發揮的機會。

3

部屬多為女性的單位

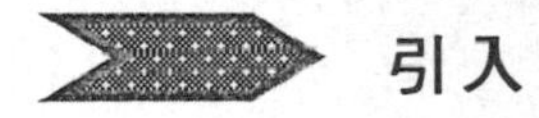

引入

隨著社會分工的細分化，越來越多的女性走出了家門，參與到企業活動中來，最近公司提出了一套積極利用女性才幹的制度，新設了一個全員爲女性的營業部門。

在這個新成立的「娘子軍」的單位內，共有八名成員，清一色的女性，可是對於營業主管一職，暫時還要由男性來擔任，對於這個以女性爲中心的部門，公司上下都投以廣泛的關心與有趣的注目。

如何來管理和領導這個部屬全部爲女性的部門呢？

重點

一群以女性組織成的團體，却調來一個男性主管，部屬們真是即困惑又感到迷惑，爲什麽不讓我們自己當家作主呢，什麽男女平等，這只不過是嘴巴上說說罷了，新任主管能不能嚴厲督導使我們的能力成長呢？因爲我們都是女性，能不能得到過多的體貼呢？是否得到與能力相對的實質對待？

營業主管應指導項目

女性同樣是人，並不比男性智商低，雖然目前運用女性員工的才華，還未達到落實的階段，可是既然公司設立了清一色女性的部門，只好以女性的能力爲主來加以應用。怎樣運用女性的才華，全靠新任主管的管理藝術了。

①使自己成為部屬的「加油站」

一般而言，許多女性的視野比較狹窄，但是却對上司交待下來的任務，却有全力以赴的態度特徵，不像男性那樣難以馴化。所以如何善用這些女性的優點，使其更加靈敏活躍，全靠主管的技藝，俗話說，要讓火車跑的快，全靠火車頭帶。營業主管就是扮演火車頭的作用。

△明確給予女性部屬工作的主題與目的。

主題範圍不要太大，目標明確，記住，將繁冗的問題改成明確化的目標，可以讓女性部屬朝著目標直衝，所以，可以把目前的課題陸續給予，讓她們去挑戰解決。

△要明確表示非常依靠她們。

不要只是外表上的奉承討好，而是要向她們真誠的表示「我真的全靠你了」的態度，使對方感到「被信任授權」的感覺，而加強責任心與信賴感。

△要積極的賦予部屬學習的機會。

不妨配合實際上的需要，淺顯反復的去教導，使她們能理解這些解決難題的簡要方法，千萬不要動不動就做「畢竟理解能力差」等膚淺的判斷。

△工作指導上，既要嚴肅又要懇切。

在執行工作上，不要認爲女性部屬只貪求溫柔體貼的態度；相反的，唯有嚴格的督導與接觸，才能讓她們理解其中的益處，會欣然接受這種培養人才的真正意義。

△公正評價工作成果。

雖說女性的工作能力，與男性職員並無多大的差距，但也不能過於理想化。因爲若期望過高，往往不能達到預期的目標，卻給予「女性還是不行」的評斷，應表示「我對你還是有很大期待」的態度才行，要經常核對結果，對於優點缺點都能懇切的加以指導，以理服人。

②善用「千里馬」

世有千里馬，而伯樂不常有，所以你要扮演能識才的伯樂。

所謂管理，就是一門藝術，管理水準的好壞，全靠管理者的技藝水準高低。作爲女性來說，在透過工作的營運來看，基本上與男性一樣，在業務的推行上沒啥兩樣，只要看其結果好即能獲得好評。可是，性別的不同，身心的變化也不同。

一個男性主管想要進一步接觸與瞭解女性，實際上往往不如想像中的那樣簡單，這就是「男女有別」的界限與隔閡所在。

營業主管不妨從這個女性團隊裏選拔較具領導力的部屬作爲自己的得力助手，以這名女性助手來管理女性部屬，這樣看起來蠻合情理，也名正言順。但不可否認的是，在女性王國中所形成的階級意識，往往會招致麻煩的難題。因此，主管不妨讓這名助手去傳達主管的指示與方針給下屬職員，也就是派這種類似於以傳達爲主要任務的角色，給這名助手去處理，避免讓其面對面地對部屬發號施令。

女性不像男性那樣好鬥，但是女性也要求主管對其成果能公平的對待。尊重成果，也表示對其人格的尊重。因此，主管要留意不可有偏差有失公平。

③對部屬要寄予期待

想領導以女性爲團體的部門，必須要能先掌握住女性的特徵，尤其在女性地位突破傳統束縛的今天，更應該有重新考慮予以定位的心態。

若要開發女性的潛在能力，進而多元化的運用以符合企業的方針，就必須有一套健全而行之有效的管理方法，才能立竿見影收到效果。畢竟這是以女性爲中心籌組的部門，不可能把她們當做是男性那樣虎躍龍騰，如果沒有完善的營運理念與規劃，便無法得到佳績。

女性部屬的心聲是「其實我們並不比男性差」，主管不要有性別歧視。只有對部屬寄予厚望，給每個部屬都提供能力發揮的機會，部屬同樣會給你回報的。

4

士氣高昂充滿幹勁的單位

引入

這個部門真是前任營業主管領導有方，在公司裏的業績是扶搖直上，各個職員都是興趣勃勃、充滿幹勁，最重要的是，部門內還有幾位中堅幹部，其充滿鬥志、活力的情緒，深深影響了全部門上下的氣氛。

這個朝氣向上的部門，在公司裏一向好評如潮，公司的高層領導者也特別對其寄予厚望。

李君被調往這樣一個部門來擔任主管做他們的上司，並不如外表想像的那般幸運。

如何維持幹勁與業績高度進展的部門工作，一旦中堅力量外調的情況下，自己能帶好這個團隊嗎？

重點

優秀的團隊是依靠大家共同的努力才取得的，同樣，優秀的人才組合造就了優秀的團隊，這樣的團隊面對新調來一位主管，優秀的部屬同樣感到困惑，部屬會想：我們今天達成的業績，新任主管會不會獨佔？或者以前的業績，新任主管會坦承嗎？及本單位已經有很好的風氣，新任主管會不會破壞？

營業主管應指導項目

差的團隊有差的苦惱，優秀的團隊也同樣令新任主管感到棘手。主管要如何帶領這類優秀團隊呢？

①不要得意忘形、沾沾自喜，要留意自己的行為。

業績往往不一定會與士氣成正比的，只有幕後的縝密籌劃與經驗累積，才能將業績推向高潮。

新任主管不要沾沾自喜，居上位而不可攀，要經常檢討、評估工作計劃、進度的結果，尤其是當情緒高漲而得意忘形時，更應該留意修正軌道以穩定的實力來提升落實的績效，來維持過去優良的評價而獲得更大實質的成果，才能保持業績的安定。

②先入為主，成為「火車頭」。

一個優秀的團隊，是有良好的氣氛在影響其前進的。從某種角度上來看，其真正塑造氣氛和帶動氣氛者，正是主管本身。

主管本身若能帶動這種氣氛，則不僅使部屬在私下產出「真正愧是一個有企劃、創意、行動力的主管」的贊嘆，更能提高整個部門的工作幹勁。

把充滿幹勁、積極向上的情緒帶向工作，這也是主管的工作職責和義務。在實際進行工作時，要讓那些帶動氣氛的職員成爲主管的助手，若有良好成果時，則要加以誇獎肯定，以激勵方式的對其精神進行鼓勵。

海闊憑魚躍，天高任鳥飛。如果新任主管能退一步從旁激

勵褒獎部屬，是一種管理上的藝術。

一個幹勁十足的部門，必然有帶動良好氣氛的人，新任主管首先以掌握這些人才爲關鍵，進一步瞭解他們所扮演的角色和部屬們組合的具體實情，才能巧妙的協調合作一起。

但是部屬也會感到不安，他們對新任主管不瞭解，彼此之間能否合作成功，全靠主管的操縱，因此，新任主管爲確保原有的良好氣氛，必須明確的表態「目前我不會干涉你們以往的做法」或者「你們可以完全按照以前的工作方法進行」。只有表態，才等於指明了方向，才會使部屬必有所依，心裏踏實。

一般來說，業績扶搖直上、工作士氣高昂的單位，是主管與助手、業務中堅們意見溝通暢順的結果，主管大可不必費神於業務員，也可以說該單位營運的順利與否，決定於主管如何來掌握輔助的幹部。因此，抓住部屬層的領袖，然後再看這些幹部如何具體的帶動部屬即可。

單位經營與推進業務的發展，與其經營方針是分不開的。以往的方針，乃是他們鬥志高昂的原動力，並締造這樣一個理想的部門，因此，這種方針目前可繼續維持，自己從旁加以觀察較好。

③恰當進行工作分配。

積極活躍的團體，是由一些氣氛帶動者來策動推進的，所以，新任主管在分配工作時，要注意逐漸的提升氣氛與士氣，讓工作與這些氣氛相連。

概括地說，就是要不斷的給予挑戰的課題、目標，讓他們忙碌，使部屬更加發揮他們的實力。可見主管必須能陸續賦予部屬新課題、目標的有關企劃、提案的能力。

反之，主管如果缺乏這種提供課題目標的能力，必然會令部屬的幹勁轉而空談，而心生不滿；如「我們的主管不給我們工作做」、「新穎的企劃能力好像枯竭了」、「只是固守過去的做法，不能往前超越」等等批判的態度。

歸根到底，新任營業主管要依續指出「這次做這個」、「接著做那個」等等，逐漸定出該部門的行動目標及未來發展的方向，只有這樣，才能保證一個部門活力無限，健康向上。

5

新成立的銷售單位

引入

公司根據自身需要和結合外部的經營環境，新成立了一個銷售單位，陳君被公司任命爲新單位的營業主管。

新單位的成員頗複雜，主要是由調派其他部門的人才爲主而構成的。這些人其實都是在人手不足的前提下，勉强調派出來的臨時方陣，至於本部門的業務內容，包括新任主管陳君在內，都無法充分掌握其真實核心，因爲大家都是毫無經驗。

這種臨時組成的混合部隊，在氣氛的調和與維持上，真是令人頭痛的一件事，今後是如何開展工作才好。

重點

面對這樣的臨時方陣，部屬同樣面臨困惑，他們會想：向陌生的工作挑戰，會備感辛苦，自己能承受得了嗎？能不能和自己的新上司志趣投機、配合默契呢？

營業主管應指導項目

在這樣的情況下，由於公司內沒有人具有其營運經驗，所以新任的主管，也是面臨艱辛的前程來摸索前進，所謂是「摸著石頭過河」。但是，無論摸什麼樣一塊石頭，這個河總是要過的。

①以身作則，信賴第一

來自不同部門的人員組成的臨時團隊，由於他們以往的工作環境、工作方式不同，再加上各個成員的背景也不同，所以會有相異的看法與立場，這些現象是不可避免的。

信賴第一。此時，新任主管必須要在衆人面前表示態度，比如說：「你們都是我挑選要求調來的人才，當然也是我寄予厚望的人才」，而千萬不能讓他們有「從別的部門被淘汰來」的想法。即使就是事實，也要把他們培養成爲尷尬使命所不能或缺的精英人才，這也是新任主管的職責和義務。

再則，要讓部屬清楚的意識到「這是一個全公司注目焦點的部門，也就是說我們的言行，都受別人的注目」。有關於與其他部門的交涉或對外的公務，一切都應由主管親自負責進行，不要讓部屬有多餘的負擔，使他們可以集中精力，心無雜念的推展自己的業務，營造對部屬信賴和諧的良好氛圍。

②以明確的態度表示方針

任何一個部門，都有其發展的方向。方向就是指南針。身爲營業主管，不管自己有多大的自信，都應該給部屬有「應該這麼做」的明確指示，主管要必須讓全部門成員瞭解本單位未來發展的方向。

對一個新成立的部門來說，肩上挑負著兩種使命，一是全公司寄予的厚望，二是本部門的發展，所以制定什麼樣的政策，何種經營方針是至關重要。主管在說明自己的基本想法時，也要以懇切的態度對個別部屬交待其任務與職責，制訂政策時，做到每位部屬心中都有一個行動指南。

剛成立的部門，其成果短時間內很難達成，在其他部門看來，會出現「不能理解到底是在做什麼」的批評，部屬如果沒有以主管的指示作爲堅定不易的信心，就會出現不安或動搖的現象，軍心很容易渙散。

③把公司的期待化為動力

成立的新部門，自己又是公司指派的首任主管，所以在完全沒有經驗的狀況下，主管本身應有一套營運的政策才對。

對新主管而言，有焦慮，爲了使新部門不辱使命，爲了不辜負公司所寄托的厚望，新主管與新部屬們必須要有充分的溝通，徹底讓部屬瞭解任務並擬定其工作內容，當然，負責的主管勢必有很大的壓力與不安。但是一定要把這種壓力轉化爲動力，才能使新部門互動起來。

對新部屬而言，也有相同的焦慮，尤其是那些整裝待發，但不知從那裏著手進行的部屬，更是如此。所以說，新任主管肩挑兩種期待，如何能讓兩種期待不致落空，是要付出一番努力的。

當然，這種新成立的部門，又是毫無經驗的新力軍，在業務營運或職務內容的推展上，爲了避免失敗，主管與部屬都必須有向新業務挑戰的同舟共濟的團隊精神。

面對棘手的問題，必須主管要激發起大家共同解決，有難同當、有福同享。

④成果不宜個人獨佔，應於大家共同分享

一個新成立的部門，想要在短期內取得成果是不容易的，只有通過大家的共同努力才能取得豐收的果實，所以，新成立的部門稍有成果，主管就要積極的展示給公司高層，並且要有技巧性的强調，這些成果，是部門成員全體上下協助一致達成，此外，不妨在部門內建立所謂的「創造歷史上新的一頁」的口號，讓部屬具有自己正在開創歷史、身負革新的重大使命與抱負。

水能載舟，也能覆舟。所以說，當新部門走上軌道，部門慢慢嶄露成果時，不要當作個人所有，必須視其爲全體部屬共同努力的結果。

6

前任主管領導而業績卓越的單位

引入

市場部第一小組的業績進展真是順利，以 20%的增長速度連續兩年超過了預定的目標，該小組的主管也晉升到了公司的最高管理層去了。

在這次人事調動中，A 君被公司內定將要調到第一小組擔任主管，這個小組的成員有：一名副主管、兩名股長、八名男性及三名女性職員。

如果 A 君帶領這個小組能在第三年還能繼續保持業績迅速增長，連續三年獲此殊榮，則聲望必大增，才幹也會受到肯定。可是雖然 A 君有三年的主管經驗，自認過去也有不錯的業績，但想到第一小組過去的卓越成績，心裏也不免是「十五隻吊桶打水──七上八下」。

重點

優秀的團隊，是由優秀的成員組成的，一個保持高速增長的單位，主管突然走馬換將，優秀的成員會感到困惑：前任主管對我們生活上是十分關照的，如今這位新任主管能否與我們和睦相處？本部門的業績已達顛峰，接著會有何變化呢？或過去我們已備感辛勞，如果還要面對新官上升三把火的話，真叫人吃不消啊！

營業主管應指導項目

由於第一小組擁有過去輝煌的業績，所以調任爲該單位來任主管看似升調，但對 A 君來說內心却很複雜，因爲不僅未來的動向備受矚目，而且面對的部屬也勢必出現各種類型的問題，該怎樣制訂經營計劃和帶領部屬呢？

①必須先有虛心學習的態度

新官上任三把火。每個管理者推動團體前進和處理問題的方式是因人而異，大不相同的。有一點是新任主管要認同的，那就是，前任主管之所以能創下卓越的業績，必定有其高明的手法，如果一上任就以「我有我的做法」，而一概否認掉前任主管的管理方式是不妥的。對此，新任主管必須先有虛心學習的態度才對。

在肯定前任主管超群業績的情況下，先從模仿過去的做法開始，尤其更應該向部屬的幹部們坦誠表示「我目前將承襲你們過去的做法行事」，至於需要立即加以改善的要點，要讓部屬提出並趁早予以改正。

這個慣於打勝仗的部門，本質上相當熟悉致勝的秘訣，所以新任主管，可由部屬認真而冷靜的聽取出其前任主管實際運用的良策；雖說部屬對新任主管的領導能力，多少帶有期望與不安的目光，但反過來說，這些績優部門的職員通常都有積極正面效果的優越感，因此以「身爲新任主管，非常希望維持本部門過去的光榮，所以希望各位繼續發揮以往一樣卓越的表現，在這當中我願虛心學習，並逐漸提出自己的看法」的態度，必然能穩定部屬們的不安情緒。

②找出異議，進行處理

任何事情都是一分爲二的。一個部門能擁有如此的輝煌業績固然令人高興，不過任何事情都有相反的兩面，就像閃爍的星光背後，必定有被遮蓋的陰影，所以儘早提出異議，進行處理，把異議消滅在萌芽狀態，有利於部門的長期發展。

異議並不是說自己專橫，只想讓全體上下只聽到自己一個人的聲音。异議是指部屬與自己不同的觀點和看法，意見相左或相右，如果一個單位內有異議存在，不馬上進行處理，會形成階級的對立。譬如說，要維持高業績的背後，必定有牽强、不合情理的現象，因此必須瞭解前任主管與部屬之間，如何把彼此的能力分配搭檔。尤其是在前任主管向來被認爲很能幹的情形下，其部屬必定有些被重用、有些則被疏遠、忽視的現象。

所以， 新任主管首先要做的是冷靜的分析觀察，找出異議，促進全體上下一致的團結，也是當務之急。

③只有努力，才有績效

新官上任的三把火，是不能燒過頭的。過去業績優秀的部門，往往其背後已形成筋疲力盡，如果新任主管爲了不認輸給前任而過激的督勵部屬拼命，此做法不太爲妙。僅僅爲了追求業績的數據，而採取强制行動，往往落得主管一人興致衝衝，而部屬則心灰意冷。因此，新任主管必須權衡其中的得失，站在中長期的展望來思考今後如何營運的對策才是當務之急。

市場是瞬息萬變的，如果新任主管一直按照前任主管的做法，而不逐漸提出自己的工作作風，不留意如何革新問題，是無法締造實質結果。要善加利用這些優勢，適時的推出自己的構想與作風，認知許多過去累積的無形的專業技巧，再加之不斷的推展新的技巧來求新求變 ，讓部屬理解提升業績的方法，績效只有通過努力才取得的。

④分析公司高階層對你的期待到底如何

榮耀的同時伴隨著壓力。繼任到這樣一個績優的部門，並不像旁觀者那樣值得光榮顯耀，因為往往伴隨而來的是一大堆的心理壓力與不安；但如果被這些沈重的壓力所擊倒，必然無法達成新任主管的任務，所以首先要考慮為什麼自己會被調派到這個新職務，公司高層對你的期待到底如何。

一般而言，多數企業的人事調動，是基於縝密的分析與戰略性考量來實施的，你被調任為第一小組任主管，必然有其原由及目的，可能是公司為促進業績的戰略性策劃調動。

牢記心頭的是，無論遇到任何阻礙，也不能使業績掉落在前任主管之後，這是企業的基本使命。至於今後業務的推動，仍必須由新任主管親自執行，所以上任後的第一件事，就是具體的分析以往進展的狀況，接著整理今後擬採取的基本方針，並向上司表明坦誠的報備，將這個部門的輝煌成果延續下去的決心。

不只是你自己制定了營運方針，上司高層可能也制訂了具體的計劃，或者更有精闢獨到的見解，而身爲新任主管，不妨從接觸上司的機會中，探悉上司對本部門的期待與目的爲何。前任主管也可能晉升爲經理或成爲自己的上司，他能創下如此優秀的業績，必定是位人才，因此，有關今後營運的要訣，坦誠地虛心請教，是絕對必要的態度。

7

被調到問題多的單位

引入

M君是營業部門主管，真的不湊巧，這次被調往就任的部門，是全公司評價最低的單位，總是敬陪末座。M君雖然尚未與其部屬接觸，真相不清，但業績低落得令人驚訝却是事實。雖然最近三年已走馬觀花般換過四位主管，歷任主管總是找不出相應對策，單位內的業務員離職流動量也非常大。

迫於無奈，公司把接任主管的職位留給M君，雖然上司交待吩咐「你應該可以勝任，大刀闊斧的整頓吧！」但是M君也是首次擔任這種類型的部門，心裏也不免忐忑不安。

被調到問題單位擔任主管，你該怎麼辦呢？

重點

問題多的單位，其自信心也不強，職員的怨言肯定也不會少，面對新來的主管，其職員的聲音是：真希望逃離這個部門，新任的主管對以往的遺留問題能果斷處理嗎？在這樣業績低迷的情況下，是不容易蛻變的！任何人來都無法扭轉這種趨勢了！或者如果能做些改革應該可以克服這些困境，我願意向新任主管提出構想，只是不知道他會不會採用？

營業主管應指導項目

作爲調到這樣一個部門來任職，首先要對一些問題進行必要的思考。比如，雖說業績低落倒數是事實，是否還有斟酌的餘地？其背後是否隱藏著一些不爲人知的因素。

①設法教導部屬享受勝利的喜悅

士氣低落，充滿自卑感無處不在，是這類問題單位共有的通病，大部分成員對事情的看法也傾向做負面的思考，習慣性的以消極的態度尋找不能達成任務的理由來搪塞。

在這種情況下，與其聽取部屬消極、無謂的談論，不如提出自己的見解，以「就照我說的做做看」的方式，以下達命令、積極實施的方式，設法來教導部屬。

業務並不是沒有，這類型的部門，往往積壓的業務還真不少，若一開始就要求部屬樣樣做好，往往因經常失敗心態而膽怯畏縮，所以不妨先交待一些能即做即成的事項給他們去處理。例如，以業績數字之外的方方面面來著手。針對部屬的士氣低淡，可以從部屬電話中的招呼或應對上，嘗試著表現出開朗的聲調，從辦公室的布置上，力求有別於以往的井然有序，聯絡報告的機靈化與積極活躍的朝會，都讓大家共同參與。求新創異，打破常規，把士氣低落的一潭死水，徹底激活。

人有高低之分，部屬間的素質水準肯定也參差不齊，這時主管可以用實際的範例，如「張君的做法改善許多。」來激活部屬打起信心做成具體的實績，同時，主管也從旁協助，將範例擴展到全體成員中來，相信必能提高士氣。

至於「只要做便能成功」這種自信，乃是對有自卑感的部屬實施的不可或缺的良藥，比起那些過於自大的人，其實更具有無限的潛能。總之，要讓部屬有「要必須及時改進」的意識，讓他不知不覺有起飛的機會。

②氣吞山河，帶頭衝鋒

一石擊起千層浪，百萬雄師過大江。當這個部門因自卑感而氣餒時，不可能期待部屬會主動的提供建設性的良策，此時，主管以「跟我就不會錯」的帶頭方式，反而會收到意想不到的效果。

堅毅勇爲，在業績低落的部門中，是管用的，即使自己沒有多大信心，也必須表現一股「跟我來」型的主管氣魄，唯有如此，才能讓迷失已久、毫無鬥志的部屬，安心追隨於你的領導。

③不要夜郎自大，要謙虛求教

爲什麽本單位是拖後腿的耗子，是前任主管的領導無方，還是部屬自身的緣故？或者是公司對市場的基本方針有某些偏差？

身為新任主管，必須能針對業績低迷的問題，仔細的思考並深切檢討，如果只是一上任就焦慮業績，而不對現狀做縝密的分析，可能無法獲得好結果，所以在這種情形下，不如先從謙虛的請教上司或客戶等做起。

放下身架，與客戶坦承溝通或許可行，有益見解，看看客戶怎麼說。

一個業績低落的單位，其部屬大多累積了不滿的情緒，因此，主管應先從請教上司、客戶的見解，自己心裏先有一個大概的輪廓，然後再去聽取部屬的意見觀點，才能有較客觀、公正的判斷基準，同時，要能親自深入現場，以自己親眼觀察來掌握實態更佳，必定比整天守著座位或只聽部屬的報告，來得更切實而合理。

④要認為這是一次施展抱負的舞臺

這次被調往問題多的部門，也許是公司領導對你的考驗，千萬不要產生「何其不幸」的感覺，此時，不妨把自己過去的經驗用在這次機會上，把它作為通向未來輝煌騰達的跳板，不要首先自己就陷入「為什麼會這麼倒黴」的囹圄中，應積極地以主管健康向上的信念，視為個人大顯身手的良好時機。

不妨從另外一個角度來看，這樣陷進谷底的業績是不會再低落了，只要你好好一番作為，績效必定可以得到提升，所以，不要以為公司對你的評價不高才調派你擔任此單位，而要認為是上司對你的期望厚愛，想藉此機會提拔你的態度來看待這一

切。

同時，也要留意一個事實，那就是從頻繁的人事調動來看，可以感覺公司對本部門的無力感。針對這種情形，可以先向公司表明立場，說明「既然公司讓我來負責本部門，那麼希望暫時不論發生任何狀況，都能以長遠的眼光來看待」，在目前如此狀況下，上司不會說「不」，顯示公司真的給你施展抱負的機會，從而贏取公司對你的援助和自己的姿態。

8

工作情緒低迷的業務單位

引入

公司裏有個素稱爲「混混集團」的部門，這個部門最明顯的特徵是：業績不彰、職員多半懶散、沒幹勁、無鬥志，甚至連公司的紀律都輕忽藐視，它成了一個公司裏的包袱，對此，以往的曆任主管和公司領導都想放弃。

對這樣一個早已風評不佳的部門，可偏偏讓 B 君給撞上了。公司研究決定，讓 B 君來擔任這個「混混集團」的新主管。

雖然在上任之際，上級指示過 B 君「如果再整頓不好，就要解散此單位。」B 君如何拿出以前自主經營的自負，來收拾這個爛攤子呢？

重點

「混混」部隊的成員，調皮毫無紀律觀念，面對新來的新主管，部屬會想：新任主管不用太急著表現要「新官上任三把火」，這樣只會使單位內更加混亂，還是照老樣子進行吧！及如果是一位嚴厲的主管，那就令人討厭了等等。

營業主管應指導項目

新任主管會面臨著這樣一個處境，怎麼會有這樣糟糕的單位！究竟要採取什麼手段，才能重新建樹，鐵樹開花呢？

①首先要有大刀闊斧的魄力

所謂「混混部隊」，並不一定團隊裏每個成員都是「混混」，爭取大多數部屬，對少數的害群之馬要大刀闊斧斬草除根，不然這些少數的病原菌，早晚會污染到健全的那部分，但爲了顧全大局，對無法糾正改善者，還是得忍痛割捨。

斬草除根的最好方法是讓他辭職。當然在逼他辭職前，或許可以再權衡看看，調往其他職位會不會有所改善，如果有其復活的可能性，亦不失爲最理想的狀況，所以，主管要具有敏銳的判斷力，辭職方式不是最高，改造才是第一。

②不要輕易妥協

新任主管上任的第一件事是制訂單位以後發展的業務方針和內部章程，當這些措施實施後，士氣低落的成員越會提出「做不到」、「不可能實現的」等委屈及藉口，面對這種反抗，主管應該不爲所動，以徹底的表示「務必要遵守」的態度，來貫徹主張，相信必有贊成與擁護你的一些部屬，此時候主管要全力支援這些想脫離舊有體制、深具良好意識的部屬，同站在主管陣線上，協力進行改革。

至於那些不講道理，爲反對而反對的「混混」成員，則堅持要求他們矯正到底。千萬不要妥協，否則妥協之後往往是導致組織的崩潰，改革會徹底失敗。

③探索士氣低落的根源

破壞公司規則是與部屬缺乏工作幹勁相輔相成的，它不是一天兩天所形成的，是長時間的積累，所以面對這種情況，新任主管掌握問題核心。

首先，應該思索只有十幾個人的部門爲何落到今天這個地步，影響它的根源是什麼。一般來說， 這種現象是由幾個少數害群之馬造成的，至於大多數成員多半是被他們拖下水的，或者無可奈何的默然反抗，却被週圍同仁被視爲同類而深感悔恨的。面對這種現象，新任主管必須具備相當的勇氣，來負責新單位重建工作的使命，首先必須確認士氣低落的真正原因，而不要被外表所迷惑，準確把握問題的核心。

接著，新任主管上任後，必須和每個同仁個別面談，巧妙的聽取部屬的心聲，但在擺脫不了問題成員的影響情況下，就得在個別面談之外，另找瞭解問題真相的週圍的人提供意見，才能客觀的掌握問題要點。

任何不良因素都是由人造成的，人的主觀意識決定著一切，所以觀念是否恰當，應該加以深切的檢討，並與上司討論本部門應有的份量及方針，讓公司能重新省視對本單位應採取的方向與其定位。

最後需要注意的是，凡是愈有問題的成員，在個別面談時，愈會說出恣意放肆的話，主管應該讓這些成員儘量的傾吐他們的牢騷，從牢騷裏研究出治理這種現象的良方。

④明確方針，然後落實

在對整個部門及成員徹頭徹尾的觀察與重新評估之後，應明確訂立一些相應的方針，「以後就這麼辦」等決斷性的說法來強調，以取代往昔的「努力做」或「向前看齊」等抽象的教條方式，這是擔任該部門主管必須的決斷能力，即使有些強制，也要果斷的把這些方針，明明白白的告訴部屬。

剛開始時必然會有反彈，但主管仍得堅持下去，不可臨陣畏縮妥協了事。但訂立的方針不要太多，最好精簡爲三到五點，以肯定的語氣提出，方便部屬記憶。例如：

「早上 9 點的朝會時，報告當天的工作計劃。」

「報告書必須在下班前提交。」

「出公差時，上午、下午各要一通電話與主管聯絡。」

「外出時，在黑板上要寫明外出地點。」

方針落實，標本兼治，只有這樣，才能使「混混部隊」煥發出活力。

第四章

如何加強收款績效

1

缺乏收款意識的業務員

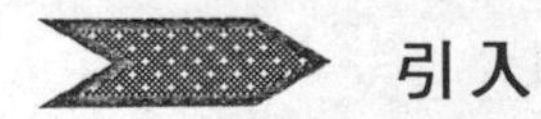

引入

未經過完整培訓的業務員，常會有各種不健全的心態或觀念，最常見的現象是「只注重銷售，不注重收款」。

公司自從向外聘請總經理後，整個營業單位人員大換血，引入一大堆新人，全力充刺營業績效，業績呈現三級跳，相當令人滿意，可是收款卻是每下愈況，資金缺乏造成公司週轉困難。

新進的營業人員，只衝刺業績，却不重視收回貨款。上級主管的政策偏先，造成下級業務員的措施不當。公司只重視銷售，那是「業績」，正確作法應是注重銷售與收款，那才叫「實績」。二者是有差別的，營業主管必須充分體會此點。

重點

「賣貨是徒弟，收款才是師傅」，整個銷售作業唯有在收回貨款之後，才算是結束，假若無法收到貨款，粗看似乎「銷售成績耀眼」其實整個營業活動等於零。

無法收回貨款，不只是整個營業活動等於零，利潤泡湯，也領公司損失慘重，此種危險狀態，部份業務員却無法意識到。

缺乏完整培訓的業務員，常「著重推銷績效」，而疏乎「收款績效」，不注重收回貨款。

營業主管應指導項目

針對此種「缺乏收款意識的業務員」，營業主管必須慎重，加强貫輸業務員的收款意識，並隨時查核他們的最新收款情況。

針對問題業務員，主管要排定培訓計劃，强調收款重要性，並且有系統的指導其收款工作。

此外，營業主管還要隨時瞭解此種業務員的收款進度。

例如營業主管戴君常檢查業務員的「收款日報表」，依照客戶別加以深入分析，核對銷售情形，收款情形，掌握客戶的賒銷情況。

主管也要領導業務員「收取支票」的常識。收款意識低的業務員，不只輕視收款的重要性，也對所收取支票採取漠不關心的態度。

客戶所付的支票，若屬於尙未兌現的遠期支票，如果在未付清前產生了「空頭、無法兌現」的狀況，不僅那張支票無法兌現，生意泡湯，連帶的，目前已銷售貨品而尙未付款交易，也會成爲倒帳，造成一連串的損失。

收款意識低的業務員，對「收款日期」不關心，主管要加以叮嚀準時上門收款。例如：

「甲公司必須在每月 20 日前送對帳單　，以利收款」

「乙公司爲何還未收款呢？」

「丙公司付款有否問題？」

業務員收款意識低，若一心只想做成交易，疏乎收款問題，也會造成日後糾紛，原因是「與客戶交易前，未談妥收款條件、收款方式」，例如在開拓新客戶時，強調「先進貨一批，收款以後再說」，或是强迫塞貨，强調「這個月業績不好，貨先收下吧！以後再付款」。

營業主管要對業務員强調，初期交涉不談妥付款條件，日後必引發糾紛。因此，主管要叮嚀，任何交易，要牢記「收款條件、收款方式、收款日期」。對新客戶、新交易，要注意「是否能順利收取貨款」。

對現有客戶的進貨，要注意「能否按以往規矩，如期收回貨款」。

爲了鼓勵業務員收回貨款，營業主管要建立收款獎懲辦

法，針對績效加以獎懲。

企業採行績效評核的結果，常須輔以獎金制度、扣款方式，作爲管理手段，一般常見的是，企業爲兼顧業務員基本生活需求的保障與刺激其提高成效二者，而採行基本底薪加傭金的薪資制度，一旦能達到企業規定的最低業務量時，即可獲得基本底薪，而獎金、傭金則須視業務員的銷售業績、應收帳款的平均回收期間、回收比及呆帳損失之賠償等。按不同方式不同比率，分別計算後才可得知，如此，基本底薪加上獎金或傭金，構成業務員的薪資所得。

例如甲公司給予業務員的薪水，包括「底薪」和「獎金」，獎金的計算是按照「所銷售出去的金額」中，「實際收回的貨款」除以其「獎金」比率。

薪水=底薪+獎金

=（級收×底薪金額）+（已收回貨款金額）×（獎金比率）

一方面視「回收貨款」金額加以若獎勵，另一方面，若有超逾公司認可的「呆帳」，則要加以懲罰。

例如各業務主管、業務員每年發生之呆帳率過多的懲罰辦法，如下：

- 超過千分之五，未滿千分之六者，警千一次，減發上終獎金百分之十。
- 超過千分之六，未滿千分之八，申誡一次，減發年終獎金百分之二十。
- 超過千分之八，未滿千分之十，小過一次，減發年終獎

金百分之三十。

・超過千分之十，未滿千分之十二，小過二次，減發年終獎金百分之四十。

・超過千分之十二，未滿千分之十五，大過一次，減發年終獎金百分之五十。

・超過千分之十五以上，即行離職，不發年終獎金。

2

不懂收款技巧的業務員

引入

業務員小張向客戶收款，總是不順利。

由於銷售轄區大，客戶多，業務員小張總是忘記定期向客戶要求付款，不然就是去收款時，忘記備妥物品（帳單、印監，發票等），造成無功而返，

上個月，小張總算碰到客戶的財務部人員，結果收款不順利，雙方產生口角糾紛，最後延誤付款，造成公司對小張「收款不力」的責難。

這個月，小張向客戶收取貨款時，客戶訴苦「生意不好做」，小張心一軟，結果收款又延誤一個月，月底結算，業務員小張的收款率只有 75%回收率，造成收款績效排行榜最後一名，還

影響到單位績效。

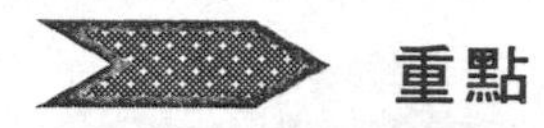

重點

帳款的順利回收，工作重點有兩大方向，一個是公司內部的管理，至少包括「帳單的管理」與「內部的各種帳款管理行政作業」，其次是「收款人員的各種收款技巧」。

收款日期之前，業務員要「確實請求付款」，漫不經心的請求，會降低對方的義務感；約定日期一到，必須按照原先「約定付款條件」而「定期回收」。

營業主管應指導項目

營業主管要指導業務員的收款工作，可區分爲「收回貨款前的準備工作」、「收取貨款時的工作」、「收回貨款後的工作」，具體管理重點介紹如下：

1.收回款前的準備工作

收取貨款工作，如與推銷工作相比較，其困難程度有過之而無不及，因此，業務員對於收取貨款工作之前，應先有妥善之準備爲宜。

至於貨款回收的工作時限，通常區分成二種不同性質，一種爲「定期貨款回收」，即業務員在固定日期向客戶收取貨款。另一種爲「不定期貨款回收」，即業務員在公司規定貨款回收期限內，向客戶收取貨款。

例如，某建築材料公司的內部收款規定，爲順利回收貨款，

規定：

①各分公司出貨給建材行之貨款須於出貨次月1日起至20日止全部收回。

②票期規定：出貨次月1日起算三個月。

③凡票期開立出貨次月1日起算七日內者得扣貨款3%。

④各分公司須於每月20日收齊，並於25日將該分公司全部貨款繳回總公司。

不論貨款回收工作時限怎麼區分，最後還是需要將貨款回收，而貨款回收前之工作，必須要很充分之準備，才能順利將貨款回收。

2.收取貨款時之工作

業務員向顧客收取貨款時，應提出所屬公司人員之證明，並將以前顧客所簽「收貨回執聯」交與客戶查看之後，再向客戶收取售貨清單回執聯內所列之金額。注意事項如下：

①收貨回執交給客戶查看之後，應即馬上收回。

②客戶付款時，不論是支票或現金應當時點清。

③客戶對於貨款之支付，如無法整筆去付時，所尚結欠之款項，應再列入該「回執聯」內，並請客戶再度簽證。

④客戶對某一售貨清單內之貨款整筆支付時，應將客戶所簽名的「收貨回執聯」交還客戶，表明銀貨兩訖。

⑤客戶要求折讓時，在允許範圍下可答應客戶之要求。對於折讓行爲之金額，請客戶塡寫「折讓證明單」。

⑥貨款收取後，要與客戶握別前，應再度向客戶表明至目前爲止，尙結欠多少。如有差異，應立即查證，雙方將貨款金

額列記清楚。

⑦收取貨款時，如果客戶因事外因，您可向其他有關人員收取，如無法趕回時，您不妨先離開並留下字條，稍待後或他日再行拜訪並收取貨款。

⑧向客戶收到支票時，應留心支票之各種有效憑證。

3.收取貨款後之工作

目前有許多公司，對於營業人員收取貨款工作後，由公司內的會計單位再發「貨款回收核對單」。

「貨款回收核對單」之內容應包括如下：本次收款日期及發信日期、前次收取貨款金額、本次收取貨款金額、尚結欠金額、客戶回執聯。

「貨款回收核對單」在使用時應注意如下各點：

- 單內所列之金額，會計單位應以業務員最後收款日報表截止日為準。
- 本單表格內之金額項目，應以業務員向公司提報金額加以填記。
- 本單在寄發前，應由會計單位逐筆核對，在備註欄內簽證（印章）後才寄發。

表 4-2　客戶銷貨統計一覽表

銷貨日期	售貨清單號	顧客姓名	商品名	單價	數量	金額	貨款回收					
							日期	金額	日期	金額	日期	金額

• 本單回收的副聯內之數額，由客戶填記，業務員或會計人員不得填寫。

• 本單自業務員收取貨款後之第三～五日內應即發出，才能收到核對效果。

3

收款績效差的業務員

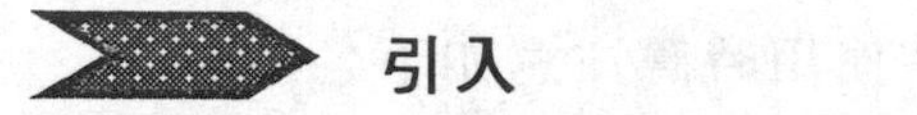

引入

多年前因業務需要，去拜訪一位知名企業的老總，適巧遇見他當面訓誡一位業務員：「經你手出貨賣給某人 20 公斤鋼筋的貨款怎麼不收回來？」語氣非常嚴厲。

「雖然才價值 300 多元，但那是公司貨款，你知道嗎？」

面對不能及時催收貨款的業務員，身爲營業主管，你該怎樣進行指導？

重點

對於中小企業而言，公司內部最重要的資產莫過於是人才和資金了，但即使公司擁有一流的技術人才，而不小心財務出了亂子，也不能把有限的資金發揮最大的效果。

外界常把一家公司的財務狀況視同溫度表，衡量該公司信用是否可靠，用來防止財務吃緊窘況的發生。防止問題發生的首要辦法是避免吃倒帳。

於是，許多公司嚴格規定，貨款一定要及時催收；收到貨款後，要儘快繳了會計入帳，絕對不可私自挪用。

營業主管應指導項目

影響收款不佳的原因有很多種，問題多半出在客戶或業務員身上，常見的現象是：

①由於先前强迫推銷，收款時不便太苛刻。而推銷量超越客戶的付款能力，或客戶並不需要的商品而產生問題。

②原屬付款不乾脆或資金週轉不太靈的客戶，收款自然不順。

③業務員本身收款態度有問題。例如「付款依你方便即可」或沒有處理好客戶的抱怨。有時是虛報銷售額而無法回收等理由。

收款不佳的後果是很嚴重的，有時會造成呆帳、死帳或收款遲緩，這種後果會直接影響公司的正常運營。

一般來說，客戶經營不善，付款情形也不佳，業務員缺乏銷售能力，對收款情形也不見得好。

爲了達成目標，即使超過信用限額的對象，因尙未找到能代替那家銷售對象的新客戶，明知冒險也還要去推銷。理由是，回收可能有問題但却容易成交。或者是因爲交際相當深厚，過份體諒客戶的立場，太顧人情而拖延誤事。

「知道嗎？如果認爲客戶重要，偶爾花錢招待客戶吃飯我都沒話說，因爲那算是爲公司做好公共關係；然而人情與業務應區分清楚，凡屬公司貨款，一定要準時收回。」對太講人情義理或偏向容易銷售的客戶，假設業務員仍舊拖拖拉拉來往，營業主管就應下果斷决定不再交易或者乾脆淘汰。

當然淘汰也不是最好的辦法，要首先聽取業務員的情況報告，同時親自到現場實地瞭解確認後再作出决定也不遲。在對信用限度範圍內的客戶加强銷售的同時，也需要不斷進行開拓新客戶，新陳代謝是市場的規律與活力。

能貫徹以上方針，才能解决收款問題。擁有好客戶不僅對收款有利，又可確保銷售利益，所以，如何掌握好客戶才是首要的任務。

4

收取帳款的內部管理辦法

引入

財務部李經理拉長著臭臉，走出總經理辦公室，因爲營業部張經理的單位，又出現盜取貨款的漏洞。

李經理與張經理一起在酒吧喝悶酒，兩個人默默無語，因爲公司出狀況，獎金被扣光了。

財務部李經理與營業部張經理最後協商，要建立應收帳款的內部控制管理方式。從最初的送貨，簽章回收，、登記應收帳款、定期向客戶對帳，列印本月份應收貨款，人員到客戶處收款，款項交回會計課，計算收款績效，分發收款獎金……等，都要一一建立內部管理辦法。

營業主管應指導項目

企業為收回所銷售貨品之金額，而督促人員執行收款工作，在企業內部應有適當之管理。步驟如下：

1. 會計人員根據「出貨單」會計聯、發票，製作傳票登入客戶別應收帳款明細帳。

2. 「出貨單」客戶聯經客戶簽收，簽收聯由公司會計單位保管，交由業務員按時收款。

3. 每月（或每週期）結帳一次，由會計單位提供「客戶應收帳款明細表」、「應收帳款帳齡分析表」予業務單位，以利收款。

4. 業務單位應依據會計單位所供的當月的「應收帳款明細表」，向客戶如以催款項；凡是「銷貨退回」及「銷貨折讓」所發生應收帳款減少，須經主管核准。

5. 業務人員收回現金者，應於當日或翌日上班時如數交會計部出納人員入帳，若延遲繳回或調換票據繳回者，均依挪用公款議處；票據之發票人若非與統一發票擡頭相同者，應經同一擡頭客戶正式背書，否則應責由收款人親自在票據上背書，並註明客戶名稱備查，若經查明該票據非客戶所付者，即視同「挪用公款」議處。

6.業務員依「應收帳款明細表」，收取客戶款項（現金或票據），回公司填寫「收款通知單」，聯同所收款項一並交給，會計單位（出納）簽收，一聯給予業務員連同憑證。

7.帳款收回時，會計單位應即將其填入當天「出納日報表」之「本日收款明細表」欄中，並過入「客戶別應收帳款明細表」中，憑此銷帳及備查。

8.業務主管除督促加强「客戶應收帳款明細表」之催收外，應核對應收未收款之「客戶簽聯」與「應收帳款明細表」二者是否相符合，一旦不符合，立即追查原因。

9.會計單位爲加强催收應收帳款，應每月編制「應收帳款帳齡分析表」，並將超過六十天尚未收者，列表註明債務人、金額，該表單交由業務單位加以催收，業務主管並註明遲滯原因，交由總經理室評估單位績效。

10.會計部門針對遲延未收之「應收帳款」，凡超過規定期九十天未收回者，除列表通知業務單位繼續催收，應通知法務部門採取必要行動，並應呈報總經理。

11.會計單位應核對應收帳款明細帳、總分類帳、暨有關憑證是否相符；不定期向債務人函證應收帳款餘額。

12.遲滯收回的應收帳款，若欲列爲「呆帳」加以沖銷，須經主管核准。

13.業務部至遲應於出貨日起六十日內收款。如超過上列期限者，會計部門就其未收款項詳細列表，通部各業務部門主，內部管理程序視同呆帳處理，並自獎金中扣除，嗣後收回票據時，再行沖回。

5

要建立貨款回收體制

引入

孫老闆這一財每天都在外面忙。因爲公司資金週轉困難，孫老闆整日在向朋友借取短期現金，以便公司緊急使用。

孫老闆的企業，在帳面上仍有高達 1500 萬元的應收貨款金額，財務部也有向客戶收回的支票，票面金額高達 800 萬元，可惜都屬於遠期支票，離兌現日期仍有 2 個月，粗看似乎公司獲利豐富，而且有應收貨款 1500 萬元，支票金額 800 萬元，但是，目前在應付公司日常支付項目上，却缺乏現金支應，整個公司資金缺口雖然只有 200 萬元而已，但逼得孫老闆東奔西跑。到處拜托。

經過 2 個月後，公司總算度過危機，鬆一口氣，孫老闆記取教訓，採取若干改善措施，其中之一是要立即建立貨款回收體制。

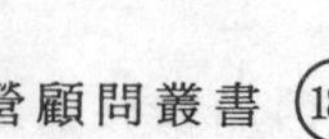
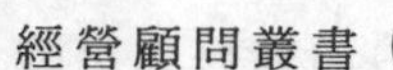

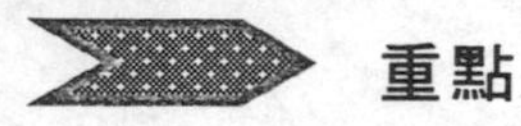

重點

加快貨款回收的速度，加快週轉率，有助於提升企業利潤，強化投資報酬率。

營業主管應指導項目

營業主管要避免（或消除）業務員的種種錯誤心態，例如業務員常有「銷售是營業部責任，收款是財務部責任」的錯誤心態。

企業財務要健全，經營要利潤，必須建立「應收帳款回收體制」。如果沒有「應收帳款回收體制」，業務部門再努力，財務部門有再好的資金調度計劃，企業終會有「經營虧損」或「週轉困難」的危機。

業務部門在規劃「年度計劃工作」時，工作規劃的重點，除了「銷售」「促銷」「訓練」與「獎勵」外，不要包括「貨款回收計劃」。

貨款回收計劃，基本上分爲二種，以公司的爲主體的「年度貨款回收計劃」，和以客戶別主體的「客戶貨款回收」。企業內的貨款回收計劃，所須重視的是「回收率」，其計算如下：

$$回收率=\frac{該月回收額}{月初應收帳款餘額+該月銷售額}\times 100$$

除了重視回收率，確保回收金額以外，再注意「應收帳款的滯收狀况」，瞭解尚有多少餘額來加以回收，經營不善的企業，常苦於缺乏週轉資金，但却有大批滯收貨款。應收帳款滯收日數，其計算如下：

$$應收帳款滯收日數=\frac{應收帳款餘額}{月銷售額}\times日數$$

掌握上述狀况，決定公司的回收目標，包括每個月的「回收額合計」、「應收帳款餘額」，就可以按照「月份別」「部門別」「商品別」「客戶別」「推銷員別」，做成明細的「貨款回收計劃」（如下表）不只瞭解每個月份的「計劃銷售額」，以及每個月份的貨款收計劃，包括「回收額」（包括現金，90 天內的支票，90 天以上的支票），以及每個月的「應收帳款餘額」（包括「不滿一個月者」、「不滿二個月者」、「二個月以上者」。）

營業主管必須警覺到：個別業務員若只關心心其轄下客戶的收回貨款，對整個業務部門總體而言，所有業務員的收回貨款，就會影響到該企業的「貨款回收計劃」；而「貨款回收計劃」順利與否，就會影響到該企業的生存。

表 4-5 回收計劃・實績管理表

計劃項目／月別		銷售額	回收率				賒售款餘額				回收率	回收不良率
			現金	90日以內支票	90日以上支票	合計	1個月未滿	2個月未滿	2個月以上	合計		
1	計劃											
	實績											
2	計劃											
	實績											
3	計劃											
	實績											
4	計劃											
	實績											
5	計劃											
	實績											
6	計劃											
	實績											

第五章

如何激勵銷售隊伍

1

克服業務員的恐懼感

引入

業務員李君每天走出公司大門口時，就開始緊張心情：進入客户店鋪，擔心客户不在；開拓客户時，擔心遭到客户拒絕；介紹商品時，擔心產品沒有誘惑力；要求訂單時，更擔心會失望……。李君的內心，充滿著許多恐懼感。

所謂的恐懼感，就是業務員在拜訪客户時，心理上的不安，而出現緊張的情緒。它的產生，與業務員經驗的多寡，業務員個人的性格差異、環境有關鏈。

馬戲團的空中飛人，每次在現場表演時，充滿信心，他絕對不會把眼睛往下看，只注視著安全護網，然後才躍身上前。

空中飛人每次賣命演出時，充滿信心，他為贏得觀眾贊嘆聲及掌聲而自信滿滿，同樣的，推銷人員每天早上從辦公室出發時，是否也自信滿滿的踏出第一步？

重點

恐懼是人類的本性，面對未來的不可知結果而戰戰兢兢；面對陌生人的恐懼，面對可能被拒絕的結果而心中戰悚，這些現象，都會發生推銷拜訪前的業務員身上。

營業主管應指導項目

爲什麼會有恐懼呢？

發生的原因很多，例如：害怕失敗、缺乏自信、不敢創新、缺乏數據或事實爲後盾等等所引起的心理、生理及工作上的恐懼。營業主管應向部屬分析恐懼原因，恐懼的不足懼，其次才指導部屬如何克服恐懼。

造成恐懼的原因會有以下這些：

◎心理上的恐懼感

①缺乏自信心

自信心的缺乏，會使業務員產生恐懼感而裹足不前，無法大膽而肯定的與客戶試行締結。另外，無法肯定工作的社會地位，也會缺乏自信心。

②情緒的低潮

大抵是私人的困擾、緊張或焦慮、業績的欠佳、經濟的問題等，這些情緒上的問題，會使業務員對工作產生無法勝任的感覺。

③初次訪問

由於彼此的不認識，業務員對於初次拜訪的顧客，會有恐懼症。交談時，時有不安、尷尬的情形出現。

④業務員自覺不如人

如果業務員覺得自己的社會地位、經濟能力、學識修養、工作性質均與顧客懸殊，就會產生恐懼的情形。

⑤自覺無力應付

當業務員覺得無法應付時，就會有恐懼的情形發生，無法應付的情形包括：事前的準備與計量不够週全、對商品的瞭解不够、商談技巧的不純熟、前次的會談失敗深恐再受打擊等。

⑥怕遭受阻礙

對於比較難應付的顧客，業務員由於害怕遭受失敗而產生恐懼；或是衆多的競爭對手，業務員深恐無法成交而有心理的壓力。

⑦對舊識推銷

業務員在推銷產品或服務給舊識時，時常有所顧忌，自覺是有求於人，所以無形中矮了一截，氣勢不够，也容易產生恐懼的心理。這些舊識可能是老朋友、同學、事業夥伴等等。

◎生理上的恐懼感

①健康不佳

身體不好、過於勞累、睡眠不够、或是重病初愈等，也都會影響業務工作的進行。

②遺傳的關係

有些人天生會緊張、焦慮、患得患失，容易受到驚嚇，對任何事都半信半疑，常有異於常理的行爲，且這種個性的人並不適合當業務員，因爲他們不但無法成事，反而會加深恐懼感。

◎工作上的恐懼感

①過去的失敗陰影

由於心頭存在過去失敗的經驗，會強烈影響日後的推銷工作。例如，曾經被顧客嚴厲拒絕過，若再拜訪同一位顧客時，就會有畏懼的心理，從而對自己失去了信心。

②開拓新顧客的壓力

要使業績不但繼續的提高，就要有源源不絕的準顧客，業務員必須不斷的去開發、尋找。而如何開發？如何尋找？如何把所有的顧客做系統的歸納、分析？都會構成心理上的壓力，致使業務員產生畏懼感。

③同行業競爭的壓力

唯有競爭，才有進步，這是誰也無法改變的事實。過分激烈的競爭，却會帶給業務員心理的恐懼。

④業績的壓力

推銷是否高明，常以業績來衡量，一個業務員要想出人頭地，就必須有良好的業績。因此，業績就成爲業務員永無止境

的心理負擔，這種負擔往往是恐懼症的根源。

⑤擔心打擾顧客

生意忙時，顧客最怕業務員拜訪，如果推銷員在這個時候拜訪，自然會擔心影響到顧客。再則，拜訪高官宅邸，推銷員也會產生畏懼感，擔心受到無禮、不禮貌、不友善的態度等。

◎其他方面的恐懼感

由於業務員和顧客會談的地點，爲業務員不熟悉，容易產生防守的心理；如果是大公司，更可能有恐懼的心理。或者缺乏數據或事實作爲後盾，無法來說明自己產品或服務的特性而恐懼面對客戶。

◎解決的方法及對策

針對上述的恐懼心理，營業主管如何協助部屬呢？下列方式可供參考。

- 恐懼的原因是如何形成的，找出來，而後對症下藥。
- 每次拜訪客戶前，要做詳細的計劃，從顧客的找尋、聯絡、產品的認識、介紹、售後服務等，作一系列的安排；並檢討過去的記錄，重新研究銷售範圍，改善談話的技巧等。
- 有接受失敗的心理準備：拜訪客戶之前，誰都無法肯定能否成交，因此要有接受失敗的準備，如此就能以不變應萬變了。
- 要有正確的職業觀念，加強自己的信心，貫徹推銷的信念，把推銷當作一種神聖、高尚、有意義而具有挑戰性的工作。

・時刻充實自己的知識，追求新的學識，與產品的更新並駕齊驅。

・良好和諧的人際關係，也是消除恐懼的重要因素之一。因爲和顧客發生磨擦，使會談的氣氛緊張，也會產生不安的情緒。

・閑暇之時，業務員還要多方閱讀有關的書籍，重新整理客戶的資料、檢點推銷工具等。

・除了在工作上的檢討與準備外，業務員還要有自我提升、改進，如保持著良好的生活習慣，注意著身體的健康、要有充分的休息、消除精神的緊張、正當的休閑娛樂等。

・最重要的也就是要有充分的自信心，相信自己的能力，不斷地自我鼓勵。

・制訂工作目標，而後全力以赴；人生唯有目標，生活才有方向，推銷工作亦如此，業務員要訂出工作目標，以排除萬難、不屈不撓的精神矢志以成，只有這樣，才有激情。

2

改善業務員的消極態度

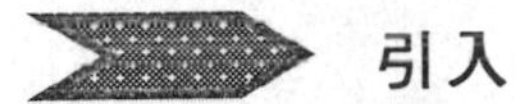

引入

業務員甲君自從上次開拓客戶失敗，業績不順，遭受主管的責罵之後，士氣一落千丈，得過且過，缺乏業務員朝氣蓬勃的活力，整個人生觀態度由積極轉爲消極。

身爲營業主管，你如何改善業務員甲君的消極態度呢？

龍游淺水遭蝦戲，終究是龍；虎落平陽被犬欺，依舊是虎。

業務員只要去除消極態度，具備實力，雖然遭受一時挫折，亦無損你的能力，只要堅持努力，終究會有出頭的一天。

重點

一位成功的業務員，應該具有一股鞭策自己，鼓勵自己的內動力。只要付出勞動，一定會有所收穫。但失敗的業務員，有其共同的缺點，那就是缺乏自信和魄力。沒有自信，就沒有魄力；沒有魄力，則生意清淡；生意做不成，則更加不自信。日子就在這樣惡性循環中，一天天地度過。從另一個方面說，顧客絕不會向沒有自信的推銷員購買任何東西，這樣的推銷員令人討厭，會使顧客覺得是在浪費自己的寶貴時間。欲成為推銷大師的業務員，必須鼓起自信的勇氣。

以下兩種業務員注定會遭受到失敗：一是盲目樂觀者，因為他們缺乏必要的準備；二是膽怯懦弱者，因為他們缺乏積極的態度，對自己沒有信心。對此，應採取什麼樣的辦法來改善業務員的消極態度呢？

營業主管應指導項目

水患來自源頭，看病先看病因。找出病因以後，就不難處理了。要確診病情，並且要採取冷靜的應付辦法進行治療，才會取得好療效。營業主管對待部屬，如果只憑自己的影響力，想要對方「聽我的話，照我說的話去做吧」，這樣十之八九會引起部屬的反感，適得其反。

那麼，到底該怎樣辦才好呢？

下面三個原則，可作為改進的參考，用以啓發部屬良好的態度：

①清除惡劣態度的原因（核心的原因）

②針對慾望，對症下藥

③使體驗到可形成良好態度的本因

熬夜、通宵工作的辛苦是大家都知道的。在嚴寒中游泳，那種滋味也令人不好受。越是害怕就越是不肯去嘗試。但是只要一起跳下水去，即使是不想游，但在跳下水去的那瞬間，就會體驗到一種勝利感。這種勝利感的體驗，可形成良好態度的

本因。

◎改進消極態度的幾種方法

營業主管對部屬應該有提醒改善與表揚優點的職責，這也是營業主管的義務所在。一個不會批評或表揚部屬的人，就沒有做上司的資格。

作爲上司，如能注意用以下列方法處理部屬的消極態度，效果是不錯的。

①冷靜處理。

人是感情的動物，發脾氣時容易在匆忙中隨便亂說話，這種未加考慮，信口而出的話，就會在無形之中造成對對方的傷害。

②背後處理

當著衆人的面批評部屬時，往往會使對方無法接受或產生反感，釀成惡果。營業主管爲何能贏得部屬的尊重，那就是需要批語部屬時，都會把部屬叫到自己的房間去，因爲沒有第三人在場，所以他的部屬也不會失面子。所以說，絕對不能當著其它部屬的面，否則會失去部屬們的信賴。主管成功的秘密就在這裏。

③要真誠坦率。

首先要真誠，繞圈子地批評往往會造成一種錯覺，還是坦率告訴對方爲好，以情服人。

④言語裏要含有鼓勵。

「這樣的錯誤不像是你犯的。」雖然部屬因有錯誤受了批評，但是後面加上了那句話，被批評的人感受到尊重，往往就會坦率反省，誠懇改進。

⑤選擇的時機要恰當。

任意的批評不會有好效果。「那個主管是不輕易批評人的，不過那時候，我自己覺得他說得也有道理。」批評所選擇的時機是否恰當，效果真的就不一樣。

⑥批評不是目的，使其認識錯誤才是第一。

批評不是目的，使對方改善，才是目的。批評的目的是務使被批評者認識錯誤，在批評中受到教育，改正缺點，使以後的工作得到進步。

3

激發業務員的潛力

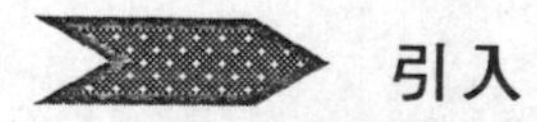

引入

業務員的業績下跌，身爲營業主管要怎麼辦呢？

A 君進入營業部門不到一年，其表現非常出色，他熱心、聰明，表達能力也很好，而且只要是他想做的事，他一定努力達成，公司上下普遍認爲，A 君潛力十足，條件很好，可是不知爲什麼，最近他的業績卻時好時壞，反復無常，毫無安定性可言。去年春季，他的業績是全公司第一，現在卻是一路下滑，整年的業績反而落爲倒數第一名，營業主管看在眼裏，急在心裏，可是該怎樣幫助他呢？

重點

問題已經到了這個節骨眼，他的營業主管也許會與 A 君有這樣一段對話：

營業主管說：「A 君，我對你今年的表現非常失望！你的區域是全公司營運部門最好的區域，而你的銷售業績卻只比去年增加了 2%，更比預期目標低 10%，我認爲你並沒有盡力。」

A 君回答營業主管說：「主管，我的業績目標訂得太高了，而且你也知道，在我的區域之中，有一家大型連鎖商店，現已改向總公司採購了。」

看來問題並不簡單，A 君是否已達成目標呢？這個問題要視「誰的目標」而定，同時也要看營業主管和業務員所同意的努力水準而定。也許以上所提的營業主管，他的期望水準很高，因此，分配到好區域的業務員，可能必須達成高目標，才能滿足這位營業主管。而不好區域的業務員，可能只要業績平平，就能夠給營業主管留下好印象。

接下來該怎麼辦呢？是業務員沒有盡力，還是營業主管看待問題有失偏頗？

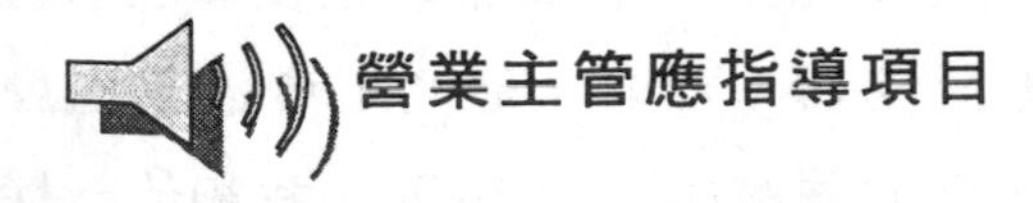

營業主管應指導項目

營業主管在決定 A 君是否爲未達目標的潛力型業務員之

前，必須確定，雙方是否事先同意期望水準，其次才是解決問題。

A 君是不是最具潛力的業務員呢？假定 A 君的表現，的確在他的能力之下，這時營業主管應該考慮以下四個重要問題：

①公司的制度需要改善否。

公司制度不健全，會影響到業務員的工作潛力。當一位業務員認爲，達成目標也得不到任何代價，或者是根本不可能達成目標，除非營業主管願意改變獎勵和懲罰制度，使其足以激勵潛力型業務員，否則，他們可能僅僅是混到業績而已，不願再往前走。

營業目標的設定，也要考慮合理性。，業務員可能故意隱藏實力，因爲他們擔心營業主管會設定更高的目標給他們，他們不願冒業績下降的危險，所以他們不希望業績增長。他會把自己的目標設定在一定可以達成的水準。他懷疑自己的能力，他不願冒險，他更需要安全，明哲保身。

②工作環境不理想，從而導致了業績的下降？

工作環境會影響到工作意願。如果營業主管可以聽到業務員在晚餐時對太太的「報告」，就可以瞭解這些觀感的改變有多重要，受其的影響力有多深。

比如說：「我的老同事都一個接一個地離開了公司，和新人工作，實在不一樣。……這些新報告，新的業績指標真的逼得我快發瘋了，他們顯然不信任我，否則，他們不會逼得這麼緊。……B 君剛剛告訴我，他的薪水加了 1000 元，我和他一樣地努力，可我的薪水只加了 500 元。……晉升上真是不平等，最近公司升遷的一些地區經理，年紀都比我輕，而且工作經驗也短，全是些毛頭的小夥子。

這些抱怨，可能營業主管從未聽部屬向其說過，業務員累積的挫折和敵意，將會導致他的工作效率逐漸下降，甚至會失去動力。

③家庭因素，是否削減了他在工作上的努力程度？

不可否認，業務員在工作時，很難擺脫工作問題，同樣的，他會有家庭問題。有些家庭問題，甚至會導致業務員的思想崩潰，這些問題包括：家人生病、夫妻不和、財產糾紛和經濟拮据等等。這些家庭長期積累的繁瑣問題，常常是營業主管無法協助業務員解決的。對較小的問題，主管或能夠加以協助，提供意見。

工作效率下降的因素，並非都是家庭問題所致。業務員還可能參與其他社會活動，如就讀夜校、參加政治活動、擔任社區組織領導人，以及花費大量時間在各種嗜好或運動上等，業務員試圖從這些活動中獲取工作上無法得到的滿足。

④是營業主管的管理不當所造成的問題？

這種現象是有可能存在的。營業主管可能粗心大意地「否決」業務員的成就，導致了業務員的不滿。因爲業務員對上司的一言一行是非常敏感的。這些敏感的言行包括：

·營業主管的言行是否前後一致？

·營業主管是否壓抑歧視（他是否解決歧視？）

·營業主管是否對部屬都一視同仁、平等對待？

·營業主管是否「改變」了標準？

‧營業主管是否對業務員的批評太過嚴厲？

‧他是真心在關心業務員嗎？

‧他對業務員的要求是否敏感？是否接納？

在分析可能對業務員造成的問題根源後，營業主管應該人下面這四個方面對其指導：

(1)坦誠的加以指責。

告訴部屬，他做錯了什麼？公司未來對他的期望是什麼？同時，也向他說明，其他人是如何成功的？

一些主管認爲，威脅、指責、說教和建議，可能「有所效果」。但是，這對業務員可能造成不良影響，他們可能會產生下列反應：

‧情緒受驚，以致無法正常工作，業績愈來愈差，陷入低谷。

‧可能產生敵意對立，因而心存報復，不但表現惡劣，還可能影響其他業務員的業績，成爲害群之馬。

‧高壓之下只是暫時性的屈服，但真正的問題並沒有獲得解決，徒增煩惱，於事無益。

(2)高壓之下出「勇夫」，增加壓力。

密切注視部屬，在他表現好的時候，給予鼓勵；在業績開始下降時，則嚴加考核。

對營業主管而言，嚴格控制一位業務員並非易事，因爲他還需要注視其他業務員，密切監督，當然會有較好的業績，但是，這就像駕駛汽車一樣，你要踩油門，汽車才會前進，一旦放鬆油門，汽車立刻停止。施加壓力並非是惟一的途徑，監督與激勵並行，千里馬才會跑得歡。

(3)從不同角度協助業務員發現自身的缺點，促使其首先認識自己。

除非業務員瞭解他做錯了什麼？爲什麼做錯了？否則，他很難改變自己的做事方式。營業主管應該重復業務員所說的話，隨時垂詢業務員，給業務員說話的機會。

如何協助業務員發現他自己的缺點，並予以改正呢？

首先，在協助部屬之前，必須真正的瞭解他。因此，你必須與他真誠的暢談，而且他對你所說的話絕不可能用來對付他，主管對部屬的要求、興趣和希望，應有相當的瞭解，才能使他真正的暢所欲言，從而才能真正瞭解到問題的核心。

一旦當你認爲，他瞭解爲什麼他的業績不佳，而且他也知道，你將承受這項事實的時候，你就可以和他一起來設定未來的業績目標了。你不要強迫他立即同意，你要給他考慮的機會。你可能要和他會談數次，才能達成彼此滿意的目標，但在雙方都同意一項目標時，你必須告訴業務員，如果他達成目標，他會得到何種獎勵和報酬。

此後，你必須隨時注意他的表現，他進步的時候，向他表示你的關切；他退步的時候，你要讓他知道他正陷入以前的老陷阱。如果他的業績開始滑落，不要威脅他，也不要顯示你的憤怒，只要告訴他，你希望他能够實現對你的承諾。

(4)給予支持和信賴，使其增加信心。

提供你的知識和經驗，支持他、信賴他，同時向他提出可行的方案與建議。

值得注意的是，如果業務員只有在可以依賴主管時，才能够有所表現，一旦他不再獲得支持時，問題就會發生，因爲依賴往往會產生惰性。

總之，營業主管是可以改造有問題的潛力型業務員的，只要使他瞭解，他能够做得更好，他的業績將會上升。但是這一切都是在瞭解業務員、關心業務員的基礎上進行的。但你同時也要改變你自己，必須給部屬時間，必須預留一些「退步」，並採取一個長期的矯正方案，以獲得永久的改變，而不是短期的效果。你要有耐心和體諒，不可寄希望於「奇迹」自然出現，只有這樣，你才能與部屬結成「戰略聯盟」。

4

減少業務員的浪費時間

引入

「要做的事太多，時間却太少。」是大多數人共同的煩惱。從事銷售的業務員，更常有時間不够分配或期限已到、業績却無法如期達成的問題。銷售成果的好與壞常和時間能否有效運用有很大的關係。有些能力和專業知識都很不錯的業務員，常把事務弄得複雜無章或自己忙得焦頭爛額，這是對時間及做事的程序沒能把握要領所致。

事實上，在對所有各種不同行業的推銷工作者加以瞭解後，可以發現：業務員真正運用到銷售的時間極爲有限。根據許多從事多年業務員的經驗來看，每天花在客戶實際談生意的時間很少超出三個鐘頭，那麼，其他的時間都浪費到那裏去了呢？這是和銷售有關的每個人都要加以注意的地方！

重點

業務員要特別警覺的是，自己的工作報酬並不是看自己上班的幾個小時，而是看自己在工作時間內所做成的業績，因此「時間是金錢」這個觀點是正確而又實際的。

所以營業主管從業務員的業務活動管理中，可針對一般業務員最易耗費時間的事加以列出，以免常讓銷售時間悄悄溜走。

營業主管應指導項目

時間對任何人而言都是重要的資源，對業務員來講更是珍貴。能有效利用時間，必然是一個常勝將軍，業務工作是在與時間賽跑，決定勝負的前提是對時間的有效把握與管理。

往往常見績效較差的業務員，有一個共同點不容忽視，那就是對時間的最大浪費，那麼如何能最大限度的把握和管理時間，使時間也成爲致勝的法寶呢？

◎無謂的時間要排除

無謂的時間支出，常常佔用了人們很大的活動空間，從而也削減了核心的競爭力。

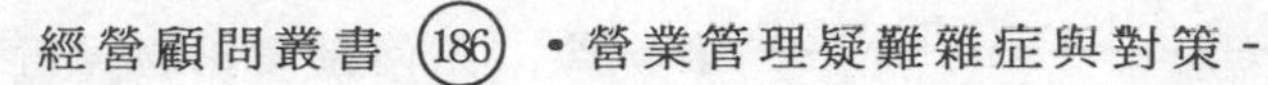

將無謂的時間排出你的工作計劃之外，讓銷售計劃活動更具彈性與活力，尤其是業務員最浪費時間的地方，如交通的時間、會議的時間等。如何縮短這些時間，將是行動計劃中最具研究的行動之一。從一個標準業務員的勞動時間分配來看，他可能自己認爲是：交通時間佔 30%，與顧客洽談業務佔用的時間爲 50%，在公司內部處理業務的時間佔 20%。但在實際工作中，業務員的工作時間，大約是，交通工作時間佔 50%，與客戶洽談工作的時間只佔 35%，用餐及其他事各佔用的工作時間爲 15%，從這些數據可以看出，標準的分配時間與實際的工作時間是有一定差距的。

◎減少交通時間的浪費、無效率

將交通時間合理化是工作標準合理化的目的，在行動計劃擬定時，一切活動時間的支配均要求定時定刻地去進行，並將活動業務的區域製作成地圖，按圖索驥，以最合理、最短的時間來管理業務活動所佔用的移動時間，不要盲人找馬，工作計劃是時間的指南針，時間又爲工作進展提供了動力。

◎節省營業會議召開的時間，杜絕浪費

另一項最爲浪費時間的地方，就是形式化又毫無實質意義的營業會議。

根據一些專家的研究結果表明，在所有的營業會議當中，真正有內容的營業會議只佔 30%左右，其餘 70%是浪費時間徒勞無益。

會議要使有效率，必須事前要有準備。不論其目的、主題、必要事項的記載，都必須事先準備妥當，然後分送給各參加會議者做參考，以利於時間的控制與提高效果。當然，營業會議是一項重要的會議，但如何有效的利用最經濟、最短暫的時間，來召開營業會議，是必須要認真思考的，流於形式的營業會議真的要少開。

◎早上的時間也是很寶貴的

如何有效的利用時間，特別是早上的時間，也是應該仔細研究的。早上的時間若無法如期的去利用，直接影響到下午的各項計劃的實施，一天之際在於晨，就是這個道理。

爲了有效的將早上時間善加利用，除了應具體的先準備銷售道具、資料與進行工作前的總檢查之外，千萬不要將早上的時間列爲「等待電話的時間」，相反的要更積極的打電話去聯絡工作、確認工作，推進工作的進展。

常見的場景是，成績不佳的業務員，其早上時間的安排，往往給人感到一份無奈與等待的印象，他們絕大部分的時間，都是在等待客戶的電話中度過，由於時間無法有效的加以控制，如再加上客戶的時間無法立刻確認時，往往很有可能如此而虛度一天的時間。

有人說，利用早上的時間整理日報表與業務記錄，是一種可行的方法，但往往效果並不好。因爲業務員到了公司，如突然遇到客戶來電話約談業務工作，一定會令業務員手忙脚亂，也會導致往後的一天或二天的時間也無法進行資料整理，當然也無法把這項工作做好。

還有更糟糕的是上班時間閱讀報紙、雜誌的習慣，更是浪費時間的一種表現。雖說從報紙、雜誌上可以收集一些資訊和情報，但是卻不知道在閱讀這些報刊的時候，時間卻在一點一滴的滑過。整日在辦公室內看報、打電話、聊天，情報是無法從天而降，「情報是一定到現場去收集，才會正確、有效」。閉門造車是造不出好車來的。看報紙應利用早點起床，自行解決看報時間。

◎**訪問客戶的時間也不宜拖得太長**

有一些業務員，在拜訪相當熟悉的客戶時，往往會迷失時間的概念，造成對時間上的錯覺，讓時間平白無故的浪費掉，影響了工作的進度。如果對方是公司的重要客戶，當然是可以另當別論；如果是一些不重要的小客戶，若業務員認爲拜訪的氣氛很融洽，在不知不覺中延長了拜訪的時間，如其說是開展業務工作，不如說是純屬聊天而已。

當然，有些客戶的拜訪時間是必須嚴守計劃的，但也有些客戶如因拜訪時間會爲公司帶來許多利益時，也可視情形加以延長，在這兩種客戶之間，如何去取捨，就要靠業務員的經驗來判斷。一般而言，公司的重點客戶、將來有擴大業務往來的客戶，目前資歷尚淺但具有潛力的客戶，都是值得多拜訪的，這是直接提高營業成績的最佳機會。

對重點客戶的拜訪，要有目標，如拜訪的談話無內容，雙方不作情報的交流或只知茫然地坐著看報，不但浪費時間，也失去了拜訪的意義；對客戶而言，也是一種工作上的負擔，是不受歡迎的，面對這種情形，業務員最好有個直覺，在客戶下逐客令之前，自己先識相的告辭，這樣，對雙方都是有益的。

在週末裏對一週來客戶拜訪次數與拜訪時間的分配做一個

總檢討，那是最好不過的，千萬不可把時間都集中在對自己所喜歡或自己所喜歡的客戶上，一切應按工作的輕重，來衡量之後，再做妥善的安排，這樣對排除時間的浪費、提高工作效率是有實際意義的。

◎合理安排時間

對業務員來說，時間就是金錢，所以學習如何善用自己的時間，與自己的收入有著絕對的關係。

- ·設定工作（銷售）和生活目標——確定他們的優先次序。
- ·做好工作計劃——每天把要做的事列出一張清單。
- ·對客戶的拜訪及事務處理要設定優先順序。
- ·那些人應優先拜訪？
- ·那些事應優先完成？
- ·對期限內的工作——備有記事簿或週曆、月曆，以分出完成的時間及期限，要確知自己在一定時期內到底能完成多少銷售（做不到的計劃則沒有任何意義）？
- ·為可能發生的事預留適當的時間——推銷常用的交通工具或路線和客戶的變卦必須做彈性的應變，最好每天預留出約 10%的時間以處理突發的事務。
- ·訓練溝通能力及談判能力。說話要明確有力，暗示和隱瞞常常易造成誤會和誤解，這也是費事、誤時的主要原因。
- ·設法使自己頭腦清醒——每天留出半個小時來總結一天的工作，想想明天的計劃，思考一些問題，或激勵自己一下。

◎時間管理的秘訣

營業主管可叮嚀部屬下列的善用時間方法：

・隨時隨地做最有生產力的事

什麼才是你最有生產力的事？要考慮清確。你要每天花最少 75%的時間做最有生產力的事。

・時間就是金錢

注意你的時間成本，將你的平均月收入除以 22 天，再除以 8 小時，就是你平均每小時的時間成本。

・克服對要求成交的恐懼

會見每一位客戶時，要努力要求當場成交。因爲「每次成交」與「平均拜訪 3 次才要求成交」相比，生產力的差異是 3 倍，收入也差 3 倍。

・完善的事前規劃

早晨起床時，用 10 分鐘做計劃，20—30 分鐘閱讀（或錄音帶、CD 片）。

・充足的產品知識

對產品的知識一定要有充足的認識，客戶問起任何問題，都能當場給予滿意的答復。

・避免無效率拜訪

不要因沒有事前再確認而導致白跑一趟，浪費了大量的時間。

圖 5-4　業務員時間管理表

No.	評價項目	評價		
		0	2	4
1	每月平均要浪費多少時間？是否能夠查對？			
2	有沒有按照訪問計劃訪問？			
3	有沒有把事情小題大做，浪費時間的？			
4	有沒有爲仔細分析銷售區域而捨本逐末多費時間？			
5	是否都在會議，聚會前 5 分鐘到達？			
6	與人約會時，是否都讓對方等你？			
7	時間不對，你也不心急嗎？			
8	是否有與人聊天的習慣？			
9	對方延誤時間，你是否因等他而耽誤工作？			
10	一件工作未完，接著又發生另一件工作時，你能立刻擺脫前一工作，作後一工作嗎？			
11	重要的事情，是否都列入手冊中？			
12	是否因唯恐趕不上班車，提早很多時間去等候？			
13	是否爲全力工作，每晚都有充分的睡眠？			
14	在體息室、接待室或在車子裏、你能否利用時間讀書或考慮次一計劃？			
15	你有沒有把自己的時間分爲浪費和生產的兩部分？			
16	你的工作，是否你以外的人都能瞭解？			
17	你是否常爲尋找東西而用去時間？			
18	你是否覺得寫信很苦？			
19	工作半途中斷，你能不擔心嗎？			
20	星期日，你把工作帶回家裏繼續去做嗎？			
21	你研究過如何結束閑聊的問題嗎？			
22	對於使用日報表，你是否認爲有益於管理時間？			
23	你是否注意於訪問前先聯絡好，以免徒勞往返？			
24	出門訪問前，是否利用查對表作好準備？			
25	是否每日都作訪問記錄，每月月底都加以分析檢討？			

·拜訪路線和區域規劃

同一區域或附近區域的客戶，儘量集中在同一時間段拜訪。

·規律的生活

養成規律的生活習慣，每天開始工作時，保持最積極、充

滿活力的精神及身體狀態。

·提早見第一位客戶的時間

·善於利用零碎時間

利用午餐時間與客戶約見，每年可以多出 1 個月收入。每天利用交通時間學習，一年至少可以擠出 600 個小時（75 天）的學習時間，善於利用每個零碎時間來學習成長是世界上多數成功者必備的習慣。

業務員上班不是待在自己的辦公室內，而是到客戶地方去，到客戶處，要有目的；要把自己的推銷時間完全投資在客戶身上，投下的時間愈多，收穫也愈多，對銷售時間管理得愈好，業績也必然更好！

5

主管如何協助部屬安排拜訪計劃

引入

業務員小張在日常工作的行爲中，沒有訂立「工作目標」，可謂像大海裏航行的客輪一樣沒有航標，隨著日復一日的海上航行，怎樣行駛也到達不了彼岸。

隨著日子的推移，每天心不在焉的度日，拜訪的客戶也越來越少，或者常去拜訪自己喜歡的客戶，而且固定拜訪的那幾家，每次去逗留的時間也愈來愈長。逗留時間沒有節制，業績也愈來愈低。

營業主管要如何協助業務員安排他的拜訪計劃呢？

重點

業務員的業績，是與「拜訪客戶」息息相關的。成功的業務高手，都是擁有良好的拜訪客戶計劃，並且加以落實執行。只有這樣，才能提高拜訪效率。

那麼要怎樣才能改變這種無頭無腦的局面呢？惟一的解決方法是做「目標管理」、「計劃管理」的工作。這種方法就是個人行動的指南針。

每個公司裏，根本不做計劃或實際上沒有按照計劃進行的業務員大有人在。同樣的一天工作，計劃型業務員和普通業務員工作的心態不一樣。「只顧拼命奮鬥」和「爲清楚的目標而奮鬥」，二者的績效有所不同，差之千里。

有目標的業務員會思考如何計劃、如何執行以達成目標，例如：「今天訪問件數已達到預定目標，可是承購目標尚未達到，還需多訪問幾家才行……」、「估計第 10 個潛在客戶會成爲 1 個交易客戶，因此，平時手中就要保持一定數目的潛在客戶」、「這個月上級要求指標是 10 日萬元，因此在月底前至少完成 10 萬元，月中完成 5 萬、本月前 10 完成 3 萬，目前距離 10 日尚有 7 天，我接著要作的工作計劃還有……」等等。

表 5-5-1　目標管理計劃

訪　問　情　況	電子業	食品業	保險業	運動器材業
每人每月訪問數	234	399	147	390
平均每天訪問數	9	15	5.6	15
開發新顧客訪問數	55	84	36	29
平均每天新戶數	2	3	1.4	1
一天實際工作時數	7	7	7.2	5.4
一天實際訪問時數	3.18	3.35	3.5	2.45
訪問訂貨件數	4	31	8.5	6.5
成　　功　　率	1/60	1/13	1/18	1/45

制定計劃可以以週、月、年為單位，列出計劃後，再向其挑戰。「目標意識」在先，同時建立「拜訪客戶計劃」，相輔相成，同進同退。

業務工作不同於其它部門的工作，每天工作的重點就是拜訪客戶，就是向困難挑戰，所以拜訪客戶是業務員的主要工作。

根據一家專業調查公司的調查數據表明，在每個行業的訪問成交率也不盡相同，並且差別很大。見表 5-5-1 所示。

從表 5-5-1 中可以看出，業務員的訪問與交易成功的比例是相當大的。成功不是一件容易的事。電子業每 60 家才成交 1 家，食品業每 13 家才成交一家，保險業為 18 家才成交 1 家，運動器材業則為 45 家才成功一家。在交易如此困難的情況下，「客戶拜訪計劃」可想而知又是多麼的重要。況且，在成交率的比例如此之大的情況下，實際上的訪問工作又在每天工作的

時間內只佔很少的一部分。

◎將客戶分級，針對級別重點管理

客戶的規模有大有小，有長期客戶和短期臨時客戶，或潛在客戶，根據客戶類別不同，區分爲 A 類、B 類和 C 類，分別加以管制。突出重點，按順序之排列，加以「重點管理」。見圖 5-5 所示。根據下圖可以看出 A 級客戶、B 級客戶和 C 級客戶：

圖 5-5　客戶分類管理圖

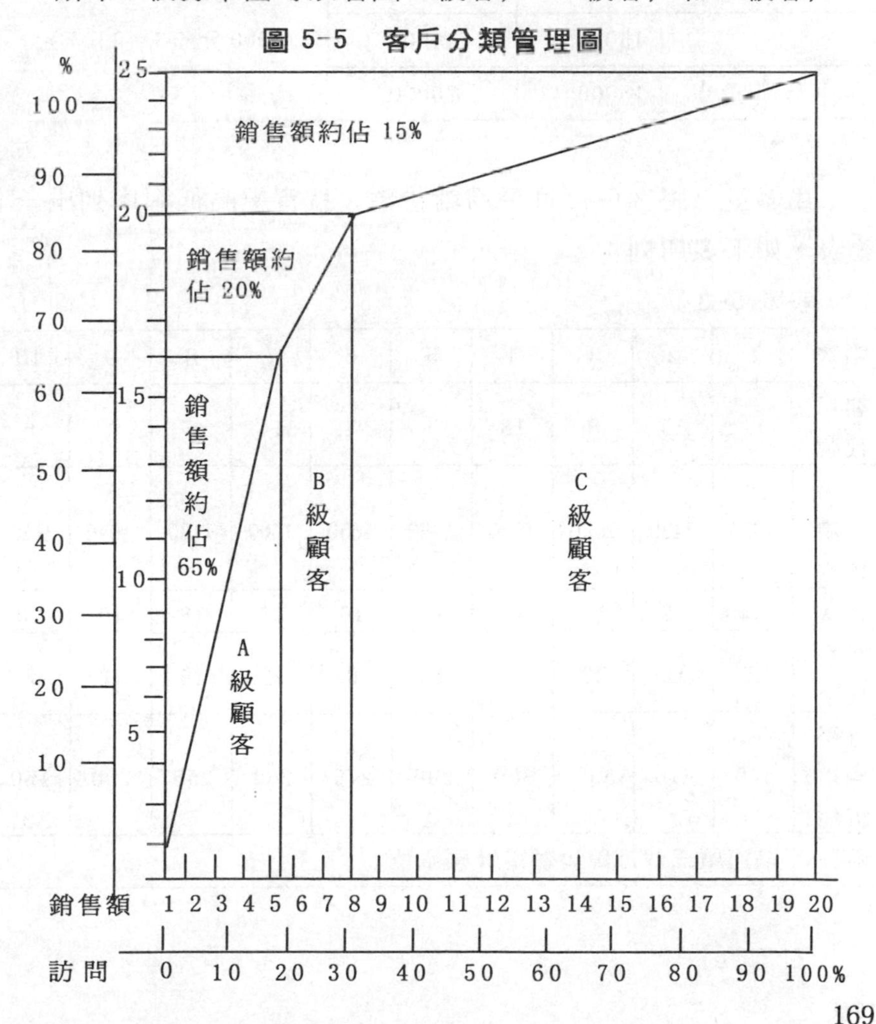

如何區分「ABC 等級」呢？其具體分析方法如下：

第①步：將客戶連續三個月的每月銷售額加以累計後求平均值，算出各客戶的月平均銷售額，如下表所例：

表 5-5-2

月 份	銷售額	累計	月平均銷售額
一	40000	40000	7000 元÷3＝2333 元
二	15000	55000	
三	15000	70000	

第②步：將客戶每月平均銷售額，按實績高低順序列出一覽表。如下表所列：

表 5-5-3

順次	1	2	3	4	5	6	7	8	9	10
客戶代號	11	15	8	18	4	7	14	5	1	6
月平均銷售額	4650	3430	2560	1850	1760	1650	1500	1130	1040	950
順次	11	12	13	14	15	16	17	18	19	20
客戶代號	16	12	20	9	10	3	17	19	13	2
月平均銷售額	670	410	350	300	280	270	260	250	200	150
備註	以連續三個月銷售額爲計標單位									

第③步：根據以上的分析推理法，將佔總體營業額的 60%以上的列爲「A 級客戶」，佔總體營業額 20%的列爲「B 級客戶」，餘下者，爲衆多客戶而所佔總體業績却只有少數 15%左右，列爲「C 級客戶」。

第④步：根據各客戶的等級劃分，分別記錄在公司裏的客戶名冊內。通過這樣一番處理後，業務員就非常清楚誰是主力客戶，誰是次等客戶，根據不同量級的客戶，從而有針對性的開展工作。管理等級客戶的表如下表：

表 5-5-4

項目／等級	客戶	負責人	電 話	地 址

營業主管應指導項目

◎要求業務員編訂「拜訪客戶計劃表」

有了目標，就要進行目標的管理，不然訂了目標後也失去了它本身的意義。業務員的目標管理，其具體工作可概分：目標跟催、目標分攤、目標執行，而欲要落實目標，必先將「業務員行動」編列成計劃，每月制訂一份客戶「拜訪計劃表」，然後根據計劃表逐一實施執行。

業務員的拜訪客戶計劃表編訂方法如下：

①首先確定本月可能拜訪客戶的日期，有那些？列出來，即扣除當月節假日、銷售參觀日、開會及其他已決定日期的工作日，所餘下部分就是當月內所要拜訪的時間。

②根據轄區客戶的性質、銷售業績、影響程度等，採用「ABC重點管理法」，分別列出對每一個客戶該月所要拜訪的次數，然後再根據列出的次數逐一去拜訪。

③在本月可能拜訪客戶日期的基礎上，再細分爲以週爲單位加以規劃拜訪客戶的計劃日期。當然在實際操作中，有些客戶因中途的銷售進展狀況，而不得不變更預計拜訪計劃，遇到這種情況時，業務員也無法在預定的日期拜訪，就必須在另外日期加以完成。等一週過後，再檢查當週內的行動內容，再考慮下週應以那些客戶爲重點，加上上週末完成的拜訪計劃，務必在 1 個月內逐一實現，不可隨意減少拜訪的次數，否則，業務員的拜訪客戶計劃表也失去了意義，而流於形式。

◎營業主管要協助部屬編制「每月拜訪計劃表」

爲達到公司整體的營運目標，故此每位業務員都承擔著所分配到的營業目標，比如甲該月要完成交易額 50 萬元，乙要完成 40 萬元，丙要完成 30 萬元等，並根據轄區內每位客戶的性質，分別制訂每個客戶所要達成的營業額，但是，爲了達成這個計劃，就必須制定「每月訪問計劃表」，以制度的形式來貫徹落實這個計劃得以實現。

身爲營業主管應督促協助每位部屬的訪問工作能否在正常勤務時間內執行妥當，對業務員的工作加以適當的安排和指導，並根據工作狀況，協助解決困難，檢討每月實績與目標的差距，以便按進度完成每週每月目標。

對未完成的目標，找出困難點，共同進行突破。然後根據業務員「每月拜訪客戶計劃表」來評估銷售績效，並給予適當獎懲，以突出該表的權威性。

同時，業務員所負責的轄區內各重要客戶，營業主管不但要督促部屬去執行，自己更是要以身作則抽出時間來與業務員一起陪同進行拜訪，以突出對重要客戶的重視程度和相互之間的溝通。如下表所示：

表 5-5-5

項目 級別	業務員		組長	營業主管	經理	總經理
	訪問	電話				
A 級	每月 1 次	每月 2～3 次	每月 1 次	1～2 月 1 次	半年 1 次	1 年 1 次
B 級	每月 2 次	每月 1～2 次	1～2 月 1 次	2～3 月 1 次	6～12 月一次	有必要性時
C 級	每月 1 次	每月 1 次	有必要性時	有必要性時		
D 級	在順路時每月 1 次	每月 1 次				

◎「拜訪客戶計劃表」的執行

首先業務員應有正確心態，瞭解它是爲達成銷售目標而制定，它是有助於業務員自己工作中的靈活性，爲「自己」製作，用來自我管理的表格，絕不是因爲主管的吩咐而勉強應付之。

在行動使用上，必須要簡單方便，能一眼看出自己整個月的行動內容，實施與檢討起來也比較方便。

在運用上，要與「客戶管理」相結合，比如對交易量大的客戶拜訪次數也要增多，對交易量少的客戶要如何培育成爲大客戶也要在計劃上適當協調，對新開發的客戶在計劃上如何調整等等。

同時，「拜訪客戶計劃表」必須是可行的。若是最初就設定不可能實行的行動目標，由於「不可能達成目標」的影響，實際執行到最後，結果也成了「真的無法達成」的目標，「拜訪客戶計劃表」不具有實質意義。

在執行上，必須產生「制訂、反省、檢討」的效果。檢討方式例如：一個月內總拜訪的客戶量是多少？不同客戶的拜訪次數該如何分配？拜訪日期間隔是否妥當？是否有遺漏？爲何不能按計劃進行拜訪？是否只拜訪自己較熟悉較方便前往的客戶等等，要做到「不檢討、不下班」、「不計劃、不上班」的嚴謹工作作風。

同時，在執行期內，若有差異，應及時修正，利用中間目標進度的檢討，以促進工作的及時完成，只有這樣，才能把每月的業務工作做好，才能使拜訪客戶計劃表發揮其應有的作用。

每月拜訪客戶計劃表制訂形式如表 5-5-6 所示：

表 5-5-6　月份預定拜訪計劃表

計劃 商店名	老客戶		新客戶		本月預計業績
	目標	實績	目標	實績	
	1				
	2				
	3				
	4				
	5				
	12				
	13				
	14				
	15				
	16				
	17				
	18				
	19				
	20				
	21				
	22				
	23				
	24				
	25				
	26				
	27				
	28				
	29				
	30				
	31				
	合計				
	接受訂貨金額				
	營業額				

6

如何陪同業務員推銷

引入

業務員張君每天一出公司大門，就像鬆開的風箏，飛得不知去向。月底驗收業績，業績差而藉口一大堆。

業務員李君向營業主管反應，轄區客戶很難纏，抱怨一大堆，李君要求主管陪同拜訪，解決訂單問題。

業務員陳君則是營業單位的新人，拜訪客戶總是遭到拒絕，一個月的試用期間即將屆滿，業績卻沒有起色。

營業主管面對三位部屬，要如何善用「陪同推銷」手法來協助部屬呢？

重點

營業主管陪同業務員進行開展業務工作，首先在教育了部屬的同時，客戶也會感到高興，他認爲這是對其較重視的緣故。

長年只有業務員去對客戶進行拜訪，會使客戶認爲對方公司的主管瞧不起他們，從而導致不信任感產生。大多數客戶總是期望著高層主管的重視，能聽到對方幹部當面對他們的看

法，瞭解一些重要的資訊。

陪同訪問可以真實瞭解到客戶對本公司的嚴厲要求，及對負責該客戶的業務員側面評價瞭解負責業務員傳 達公司的方針，讓客戶瞭解到多少，同時也順便能測出業務員的傳達能力，和公司政策落實得如何。

主管在與客戶的對談中，可以瞭解到業務員的期待、信賴程度及指導力等，這些信息都是主管坐在辦公室內無法得到的。從這些信息中，更能掌握教育部屬的重點，從而找出全體的弱點，作爲今後業務員的教育內容和溝通方式，有利於提高整個部門的營運能力。

陪同的目的，不僅具有教育面，同時從側面而言，對業務員來說，如同有掩護射擊的具體輔助效果，這些方式要建立爲一種體系，應該讓部屬充分瞭解宗旨所在，這樣更能得到業務員的積極配合和接受。

營業主管應指導項目

爲了提高績效，必須要把營業主管陪同業務員拜訪客戶辦法的事宜具體明確化、目標化，使其更具有指導意義。具體制定的辦法如下：

△自即日起，主管每月須陪同各業務員拜訪客戶 10 天。

△主管陪同業務員拜訪客戶的目的，有下列 10 項：

A：示範推銷技巧，提高效率。

B：收逾期催收款，儘快保證資金的回籠。

C：業務員開拓新客戶，已做好前半段鋪路工作，主管前往促成交易，儘快展開交易活動。

D：協助業務員解決業務上的困難點，使業務最大效率化。

E：處理客戶抱怨，做好售後服務工作。

F：與客戶培養感情，促進雙方的忠誠度。

G：探詢客戶對本公司的印象，有那些要進行 改善之處。

H：徵詢客戶對本公司業務員的印象及看法，業務員在客戶心目中的地位如何。

I：收集被客戶質問的題目，增列入「標準推銷術」之中，完善業務的整個流程暢通無阻。

營業主管在陪同業務員對客戶進行拜訪時，也應按公司的規定填寫「主管拜訪日報表」。該表的填寫方法：

①「主管拜訪日報表」適用對象與狀況：

△營業主管陪同分公司人員拜訪客戶。

△分公司主管、幹部陪同業務員拜訪客戶。

△分公司主管、幹部單獨拜訪客戶。

②營業主管、分公司主管、幹部陪同業務員拜訪時，須於「主管拜訪日報表」上註明業務員姓名。同時，業務員亦須於「業務員拜訪日報表」上註明何人陪同一起拜訪。

③營業主管須於結束出差返回總公司後，將「主管拜訪日報表」呈送給公司領導層進行審閱。

④各分公司的「主管拜訪日報表」每週傳真回總公司一次。其時間與「業務員拜訪時報表」一致。

⑤營業部主管和總經理批閱後，轉送有關部門處理。

7

如何開發新客戶

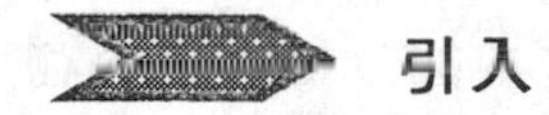

引入

茫茫大海中，如何挖掘客戶、開發市場呢？

業務員李君以往不喜歡開發新客戶，在營業主管的 再教育之下，總算體會出「新客戶對於公司的重要性」，並且願意去開發新客戶。麻煩的是，李君並不明白如何去開發新客戶？

身爲營業主管，你要如何指導李君去開發新客戶呢？

重點

客戶是推銷之本，滿意的客戶就是業務上最好的資本，值得營運部門花本錢、下功夫去重視。

業務員要挑出可能購買自己商品的準顧客，從這群準顧客之中，再選擇推銷效率最佳的準顧客，然後對這群推銷效率最佳的準顧客開展各種銷售活動，這就是提高推銷效率的第一個步驟。

爲求強化自己公司在市場上的銷售能力，營業單位必須進行下述兩種開發活動：

①增加交易的商店數（擴大市場佔有率）──開發新客戶。

②提高客戶的銷售額（擴大市場佔有率）──深耕式開發。

業務員不能只依靠老客戶。如果老客戶全是市場上的有實力客戶，只要強化其交易量，產品的市場佔有率、業務員的營業額也會提高，事實上，業務員所負責的客戶中，有 A 級、B 級、也有 C 級等等，而且，企業是「生命體」，去年營運順利的客戶，今年可能業績欲振乏力，毫無景氣，甚至結束營業了。

一個企業如果不開發新客戶，是會使客戶日益減少的。業務員應對於自己所負責的區域內的顧客，多加分析，對於客戶有減少的現象發生時，應以擴大開拓新客戶的戰略，來加以挽救。

公司的政策裏面，若有開拓新客戶的框架與構思，業務員按班就部進行即可，但一個優秀的業務員應該有一個自動自發的精神，以主動積極的姿態爭取更多的客戶，來保證業績保持持續增長。

營業主管應指導項目

每個業務員在開拓新客戶之前，應該有個對該項工作的認識，通過認識，才能對開發新客戶的重要性有所瞭解，那麼，開拓新客戶的計劃重點在那裏呢？

①不可把客戶開發工作當作一個臨時工作，應長期有重點性的做法。

②設法調查那些企業是可以從事生意往來的客戶，從這些

客戶中尋找突破口。

③將有可能成爲本公司往來的客戶名單列出，以便按圖索驥。

④要具備戰勝競爭對手的銷售技巧、商品知識、銷售計劃、促銷方案等要素。

⑤自我總結自我訓練的工作。

圖 5-7-1　擁有戰略的構想圖

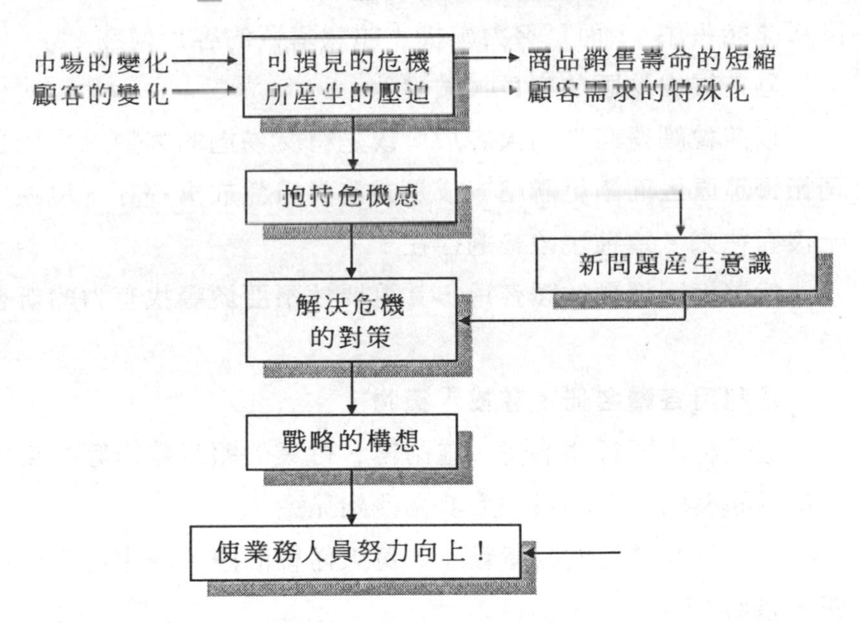

其中，在這五項重點工作之中，最重要的工作是調查那些企業是自己公司可能成爲業務往來上的客戶的工作，這項工作困難較大、時間佔用過長，是一項長期需要耐心的工作，但只要是在進行工作之時，儘量的收集資料、然後再儘量縮小對象，相信也不是辦不到的事。「世上無難事，只要有心人嘛！」

若能事前瞭解欲開發的新客戶的觀念，自能明白進攻客戶的重點與必要性。

所以，業務員應正確瞭解新開發的客戶對象有那些需求，以能滿足其需求的重點加以推銷。但，常會發現，業務員忘記這點，改以產品優良、價格的低廉爲重點而推銷。對長期間的交易能獲得到何種利益爲重點加以推銷，才是必要的方針。

當瞭解客戶的利益點之後，業務員最要緊的不是考慮「怎麽樣才能售出」，而是努力尋找「願意購買的客戶何在？」

◎挖掘出沈睡的客戶，激醒他

以前曾經是有力的大客戶，或是有交易過的客戶，由於公司搬遷等原因而斷絕聯絡，或是業務員自然放棄等等，現在完全沒有往來。這種現象普遍存在！

能够挽回這類沈睡客戶，其重要性不亞於尋找有力的新客戶。

◎利用各種名冊，尋找「獵物」

這是利用同行業名冊、電話簿、行業的報章雜志等，來找出值得開發的客戶名單。大浪淘沙始見金。

若是行業發行的報章雜志，每天仔細閱讀，一定可獲得情報。諸如：

△廣告

△企業的介紹報導

△新開始經營的企業

△行業的動向

△展示銷售會

△會議

△團體會的動向

△人事異動新主張

△遷移、新建、改建

△分公司的設立等等

按名冊上的地址及企業姓名，參與其業務內容，依地區、規模、業種列出名單，還可委托資訊公司調查，或自己親自收集，或者從老客戶處也可探詢出一些信息，然後，根據匯總的信息篩選出自己的「獵物」。

◎電話訪問，淘「金」

找來各個地區電話簿，選出自己商品最易於銷售的範圍，然後一個接一個依次使用電話來訪問，不過，特別要注意的是，必須要考慮到對方職業或生活的情況，以便選定適於打電話的時間，從這些在電話被訪問者中，大浪淘「金」。

◎由其它客戶介紹

這是請目前的客戶介紹之法。亦即，要求客戶介紹在不會相互競爭區域的同業。

可以要求客戶打一通電話給同業，或可請對方寫一封介紹信函等等，在這種情形下，通過介紹者，即便是初次拜訪交談，也很能順利有所收穫，工作的效率是相當高的。

◎其它的辦法

利用社會上的各種集會，例如好友的婚禮會、朋友的聚會、校友會、慶祝會等等，廣開信息渠道。

圖 5-7-2　開發新客戶的方法

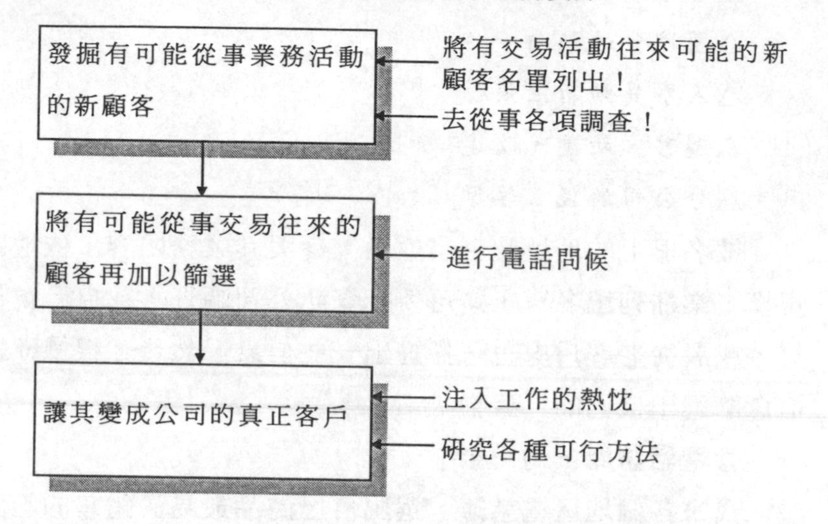

知道尋找新客戶的方法後，就要對這些客戶進行拜訪，但在拜訪前，要有充分的準備，才能引導你成功。那麼，何謂萬全的拜訪準備呢？這些事先的準備工作具體包括以下方面：

1. 是否決定開發新客戶的日期？
2. 拜訪的日期是否適當？
3. 誰實際控制採購工作？
4. 誰負責設備的保養？
5. 他們需要多少商品量？採購金額多少？
6. 他們採取何種購買方法。
7. 他們有錢買嗎？
8. 理解客戶的行業。
9. 今天的拜訪目的何在。
10. 事前是否詳細調查過對方。

11. 是否決定談話內容。

12. 是否已對可能開發的客戶加以分類。

接下來，業務員應對這類新客戶多加接觸與研究，例如，如何才能使顧客會對我們的公司感興趣？如何做才能引起新的顧客對自己公司的商品產生趣味？這些都是平時需要多加研究的課題。

圖 5-7-3　影響新客戶開發工作順利進展的因素

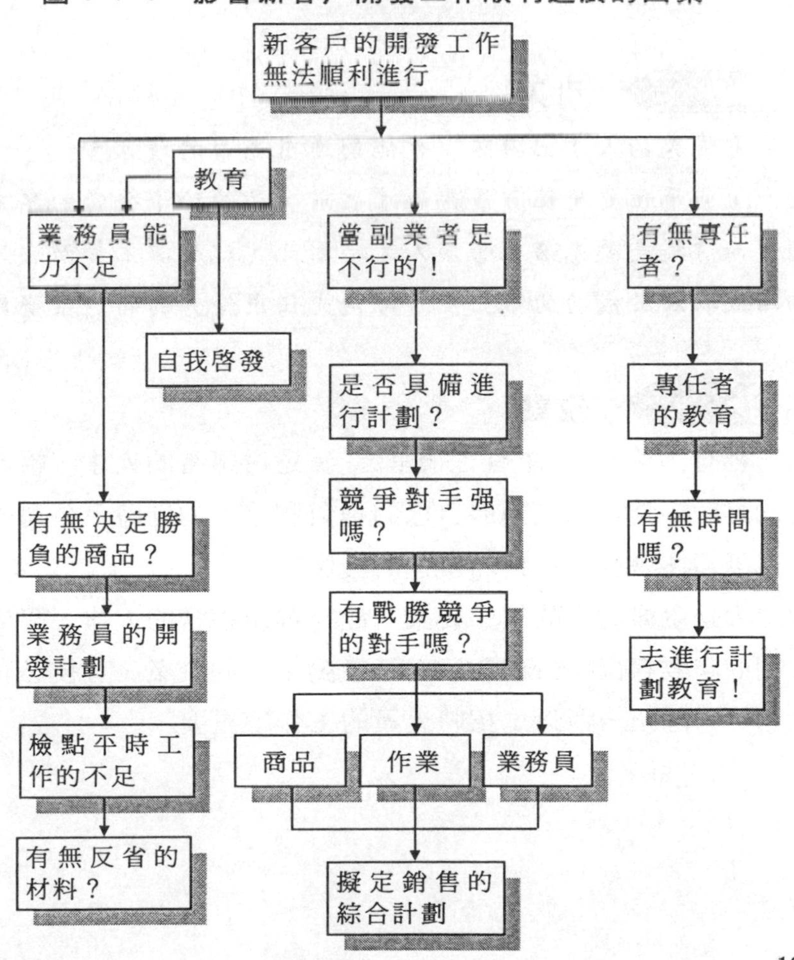

8

如何任用新進業務員

引入

有優秀的人才與團隊，才能創造出亮白的績效。

營業單位要想擁有優秀人才之前，必須給予妥當的專業培訓，而前提是要先擁有營業人才；因此，就營業主管而言，工作績效取決於成功的第一步，即是先任用優秀的新進業務員。

重點

世有「伯樂」，才有「千里馬」。選用適當的人才，給予適當的協助，業務員在施展自己的抱負和才幹的同時，公司的營業交易額才會得到長期而快速的發展。

人是生產力中的第一要素，能否選用適當的人才，關係到公司的勝敗存亡，每個欣欣向榮後勁十足的企業，背後必有一批精幹的隊伍。所以，招聘人員的工作很重要。

營業主管應指導項目

怎麼做比較能夠確保這種效果呢？下面是招聘工作中的幾個步驟和程序：

◎確定需求人力

隨著市場經濟的發展與社會文明的不斷進步，銷售工作已成爲融科學和藝術於一體、及生產經營與管理決策爲一體的一種專門職業。因而對從事銷售活動的人員，尤其是對專職業務員提出了更爲嚴格的要求。

表 5-8-1　人力需求單

□新增　□補缺　申請部門：＿＿＿＿　日期：＿＿＿＿

需求職位			條件說明								參考待遇	需求原因	工作內容
No	項目	階級	人數	日期	年齡	性別	教育程度	科系	經驗	必須具備重要條件			
1													
2													
3													
…													
人事部門意見	人員增補方式： □對外招募：＿＿＿＿ □內部招考：＿＿＿＿ □內部調動：＿＿＿＿ □其　　他：＿＿＿＿ □無需增補：＿＿＿＿												

在招聘前，應對需求人員進行確定，首先，營業單位要先界定清楚所要招募的這位人員，他需要擔當什麼職務功能？需要具備什麼職能條件？是什麼職稱？什麼職等職級？再填妥人力需求申請單，經核准後，交公司內人事部門進行招募。

◎人員招募

所缺人力的需求單經公司同意後，送達人事部門，進行人員招募的具體詳細工作，人事招募員應根據申請單上所註明的人力需求條件，所需人員的數量，選擇適當的方式進行招募。

當人力招募員收集到應徵者的資料後，再根據應徵人員的基本條件，選擇較適當的應徵者，並聯繫安排面談。

◎面試

此時，人事招募人員有兩個重要的使命：一是甄選合適的人才，一是讓應聘者對公司留下良好的印象。

面試的第一關，通常由人事部門負責，向應徵者介紹本公司、人事規章制度、待遇、福利、教育訓練等與工作職位有關的說明；再根據本公司要求應徵者的基本條件，對應徵人員進行考核、核對，並針對應徵人員的基本外在特徵，作出適任或者不適任的評估。

你可以利用面試的機會，判斷應徵者是否符合工作的需求。你在招募人才，而不是在推銷工作，因此要多聽少講，盡可能讓對方暢所欲言。

要使面試獲得滿意的結果，常需要花費不少的時間，因此在面試之前應有良好的策劃。安排一段不受人打擾的時間進行面試，你可以不接聽電話、掛上「請勿打擾」的牌子，緊閉房門，避免應徵者最後開口要告訴你真正想知道的事情時，卻被突如其來的干擾打斷了。

以下幾項原則，將使面試更有意義，也可獲得到滿意的結果。

△空出一段不易受打擾的長時間。

△確保面談雙方有一個舒適的環境。

△先閑聊一陣以平靜應徵者的情緒。

△讓應徵者儘量發言，並以關鍵問題引導他。

△不要詢問履歷表上已有答案的問題。

△在談話進行時要隨時做筆記。尤其是在當你面試好幾個應聘者時，切勿依賴自己的記憶。

△塑造友善舒適的氣氛，避免以警察問犯人的方式詢問應聘者。

△仔細傾聽應徵者每一句話。

△設身處地的思考應聘者的意見、態度及感受。

△常用「是的」、「嗯」等含有鼓勵的字眼，讓應徵者繼續發言。

△問到有關私人或較爲困難的問題時，不必擔心，你應該一直探詢到獲得所需情報爲止。

△當應徵者貢獻出有用的情報時，勿吝惜恭維他。

△請用委婉的方式通知未被錄取的應徵者，且勿讓人在家空等。

△如果你必須約見數位應徵者，就應讓他們每一個都知道何時可獲得回音。

△如果應徵者的答復模糊不清，你應該繼續探詢，直到獲得滿意的答案爲止。

一般來說，應徵者通常都有某種心理壓力，而且防衛心理甚重。他們很想得到這份工作，否則就不會前來應徵。他們通常的心情是：害怕不能給顧主一個好印象；害怕被拒絕；害怕你獲得一些不利於他的信息，以致決定不僱傭他們。故而，他們會採取防禦的措施。除非你提及，否則他們不會自動提供信息給你。因此，應運用各種面談技巧，獲取足够的信息，作爲將來甄選決策的依據。

對於營業單位的應徵者的資料，可以通過下列方式進行瞭解：

△他是否具有銷售的經驗？

△他對贊揚與批評的反映如何？

△他是否願意學習成長？

△他是否願意接受具有挑戰性的任務？

△他穩定嗎？

△他過去是否有輝煌的成就與十足的野心？

△他是否具有銷售工作所需的生理、心理及社交能力？

△他是否能自我訓練？

△他對上級的監督、從屬關係及溝通是否表現出正確的態度？

△在現在的薪水範圍內，他是否接受協調？

表 5-8-2　優秀銷售代表具備的條件

<table>
<tr><th>基　本　條　件</th><th>人 才 規 格 設 定</th></tr>
<tr><td>1.有禮貌、能使他人產生好感</td><td rowspan="4">第一印象</td></tr>
<tr><td>2.行動活潑</td></tr>
<tr><td>3.誠實可靠</td></tr>
<tr><td>4.能服從公司的指示</td></tr>
<tr><td>5.受人喜愛的性格</td><td rowspan="3">未來潛力</td></tr>
<tr><td>6.個性樂觀</td></tr>
<tr><td>7.具有自我發展和向上求進的心理</td></tr>
<tr><td>8.身體健康</td><td rowspan="2">背景資料</td></tr>
<tr><td>0.能白我管理</td></tr>
<tr><td>10.生活、家庭環境良好</td><td>家庭教養</td></tr>
</table>

通過以上的溝通與瞭解，對應徵者的喜好、態度、能力、溝通及社交技巧等都有了相當深刻的瞭解，還應該向以前的顧主打聽、查證應徵者所提供的信息是否真實。

根據應聘表格及面談中所獲取的信息進行查證，特別是應聘者的頂頭上司，他們可以滿足你所要知道的一切。在詢問時，你妨提出以下問題：

△你爲何離職？

△你從事那一方面的工作？

表 5-8-3 面談記錄表

應徵項目				年 月 日
姓名		出生日期 年 月 日	籍貫	省 市 縣 市

婚姻狀況	□未婚□已婚□已有子女	性別		嗜好	
高中		交通工具	□汽車□公車□徒步□其他		
大學	大學 系（科）				

工作經驗	服務機關	服務時間	待遇	離職原因
		自 年 月 至 年 月 共 年 月	元	
		自 年 月 至 年 月 共 年 月	元	
		自 年 月 至 年 月 共 年 月	元	

身體狀況	身高 cm 體重 kg	經濟狀況	□自給自足 □負擔妻兒 □負擔父母及家人 □不必靠薪資生活	希望待遇	元
				可正式上班日期	年 月 日
聯絡地址電話	××市××路××號：				

面談記錄面談人填	評核項目	優良	良	可接受	勉強	差	綜合評論
	儀態						
	反應						
	專業知識						
	個性						
	談吐						
	外語						
□不予考慮 □再覆試 □錄取							
月 日正式上班	薪資 元				面談人簽字		

△你是否能完全掌握上級的指示？

△你與上司、同事及部屬相處的情形如何？

當以上程序完成後，就基本可以選擇自己所需的人了。

表 5-8-4　聘任新進人員流程

流程	負責單位	重　點　說　明
面談安排	人事部	1.根據各部門所提的人力需求單 2.收集/準備應徵或推薦人員資料 3.聯繫安排面談人員/時間/地點
人事面談	人事部	1.安排面試人員增寫「工作申請表」 2.公司及人事規章制度介紹 3.實習/待遇/福利/訓練/培訓/介紹 4.一般性質適任/不適任的評估
筆試 實際操作	人事部 用人單位	1.本項依應徵職務類別可彈性選擇 2.筆試/實際操作內容由各相關主管出題
主管面試	用人部門 主管	1.專業能力/經驗/工作適性 2.工作介紹/工作要求/環境介紹 3.適任/不適任的評估
高階面談	總經理	1.綜合評估 2.錄用/不錄用的裁決
結案	人事部	錄用/不錄用之後續作業

接下來，就是對應徵者的職能條件進行評估了。有些公司採用針對應徵者的專業能力、經驗、工作適性，進行適任或者不適任的評估。最後再由高階主管裁決是否錄用，並交人事部門進行後續作業。

◎新進人員的報到與接待

一位新進人員要面對新的公司、新的環境、新的崗位、新的主管或是新的行業，所以說，進一家新的公司的所見所聞，很容易形成以後他對公司、單位、同仁和工作的印象，因此，營業部門要與人事部聯手起來，把做好新進人員報到與接待的事前準備工作。除了接待人員要適度訓練、接待流程事前要安排妥當之外，新進人員工作相關的物件（例如：座位、配備、用具等）、配合措施（例如：訓練及實習計劃、工作及生活輔導等），也都要準備妥當。

充足的準備，會讓臨場執行，較能達到預期的效果。只有對新進人員提供一切工作及生活上的便利，會讓新進人員感覺到新公司對他的重視。

◎新進人員的培訓、實習和考核

大多數的營業主管很容易陷入所謂的「經驗陷阱」──僱用有經驗的員工，就不必再加以培訓了。這種想法不僅完全錯誤，而且等於放棄了自己的職責。不論員工具有多少年的經驗，他都需要接受培訓，因爲市場、人員、條件、物料、工藝等各種因素都在不斷改變，銷售人員亦須隨時應變。

只有通過培訓，新進人員才能順利達成公司的目標。

培訓的目的是讓新進人員更爲進一步瞭解並認識將來自己的工作性質。培訓內容包括以下幾方面：

△瞭解公司

大多數公司把訓練方案的第一步定爲介紹公司的歷史，組織機構設置和權限，公司財務狀況和設施，主要產品和銷售額。

△瞭解產品

向新進人員介紹本公司的產品，包括產品系列、製造流程、

各種用途。

△瞭解消費者、競爭對手的相異點

新進人員要瞭解不同消費者類型及其它的需要、購買動機和購買習慣，瞭解公司和競爭對手的策略和政策、目前各處產品的市場佔有率及產品優勢等。

△瞭解如何進行有效的推銷展示

新進人員必須接受銷售技巧的培訓。此外，公司還要列出各種產品的推銷要點及提供銷售道具。

△瞭解工作程序和責任

新進人員要懂得怎樣在現有客戶和潛在客戶中，合理推展業務，合理支配費用，書寫報告，擬定有效的推銷路線，確保工作效率的最大化。

圖 5-8-1　培訓的流程

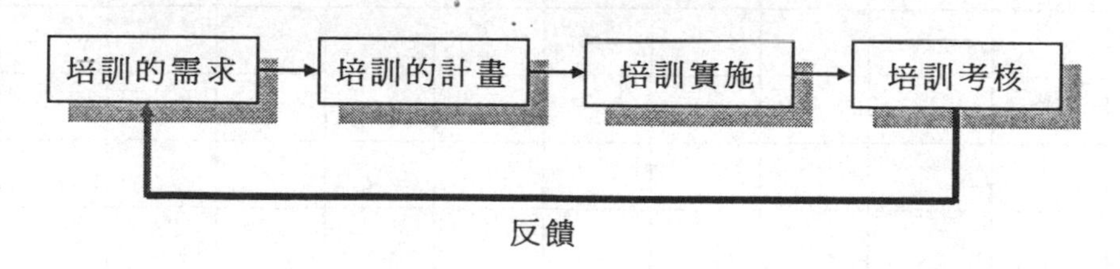

培訓的具體方法有很多，它是由每個公司根據自身的條件而靈活制訂的，沒有具體的標準化。常見的有以下幾種方法：

1.講演法	5.職務演習法
2.會議法	6.業務游戲法
3.小組討論法	7.其它方法，如角色扮演、錄音帶及 CD 等
4.實例研究法	

一般的公司，對新進人員都有一個試用期，這個試用期對新進人員來說，是個實習的階段。在實習階段中，新進人員與公司其他同仁、上司一起開展工作，公司部門主管也制定新進人員的實習計劃表，以供其正式任職前的考核依據。如下表：

表 5-8-5　新進人員實習計劃表

部門：＿＿＿＿計劃提出日期：＿＿＿＿填寫人：＿＿＿＿

<table>
<tr><td rowspan="3">實習人</td><td>姓名</td><td colspan="2"></td><td colspan="3">預定擔任工作</td><td colspan="3">實習期間：～</td></tr>
<tr><td>學歷</td><td colspan="2"></td><td colspan="3" rowspan="2"></td><td colspan="3">實習考核日期：</td></tr>
<tr><td>專長</td><td colspan="2"></td><td colspan="3">輔導人：　職稱：</td></tr>
<tr><td>代碼</td><td>職能條件</td><td>目標</td><td>訓前</td><td>訓後</td><td>訓練期間</td><td>天數</td><td>訓練部門</td><td>訓練員</td><td>考核員</td></tr>
<tr><td></td><td></td><td></td><td></td><td></td><td></td><td></td><td></td><td></td><td></td></tr>
<tr><td></td><td></td><td></td><td></td><td></td><td></td><td></td><td></td><td></td><td></td></tr>
<tr><td></td><td></td><td></td><td></td><td></td><td></td><td></td><td></td><td></td><td></td></tr>
<tr><td></td><td></td><td></td><td></td><td></td><td></td><td></td><td></td><td></td><td></td></tr>
<tr><td></td><td></td><td></td><td></td><td></td><td></td><td></td><td></td><td></td><td></td></tr>
<tr><td></td><td></td><td></td><td></td><td></td><td></td><td></td><td></td><td></td><td></td></tr>
</table>

總經理室：　　　　人事部門：　　　　部門主管：

表 5-8-6　對新進人員銷售行為考核表

	考　核　項　日	評分	評分	評分
拜訪之前的準備	使用電話作拜訪預約，要領是否正確？			
	是否忽視銷售道具的準備工作？			
	對於前往拜訪的公司以及業界的知識，對於情報是否有了充份的認識與準備？			
	對於本公司及公司的產品是否具備充份的認識？			
	出發前是否做好整裝待發的準備？			
	是否提前出發以免遲到？			
拜訪、洽談方面	與顧客碰面時是否以爽朗的態度、元氣飽滿地和對方打招呼？			
	與對方交換名片的技巧是否正確無誤？			
	是否能夠和對方侃侃而談地介紹自己或公司？			
	是否能夠看準適當的時機談到商品？			
	是否能夠按照標準的語法正確地說明公司的產品？			
	是否能夠有效地運用產品知識進行生動的解說？			
	應酬的語法是否運用自如？			
	導入締結的時機是否拿捏得當？			
	是否採行有效的締結要領？			
洽商之後	是否徹底地聯絡及追踪有關部門，如期的交貨？			
	是否採取必要的各項措施直到帳款完全回收？			
	是否留意顧客有無延遲付款的事情？發生這種情況時是否採取適當的因應措施？			
	是否採行必要的售後服務，藉此提高顧客滿意度？			
	對於顧客的抱怨，是否迅速、正確地加以處理？			
日常作業方面	是否在充分瞭解公司的經營方針以及部門的營業方針而後爲所欲爲？			
	是否謹慎地做好年、月、週間的作業計劃而後按部就班地行動？			
	是否做到有效地運用時間？			
	是否每天詳實地填寫作業日報表？			
	是否積極地收集情報，加以整理，並且按實際需要把情報傳送給有關的單位？			
	是否經常積極地自我開發？			
感想	總評與短評			

考核是幫助新進人員提高自己的工具，通過考核更能瞭解其是否進步，讓新進人員有一個補救自己的機會，同時，也幫助了部門主管對新進人員有一個更清醒的認識。

考核要有一些基本的原則，不然有失水準和流於形式。它的原則具體包括以下幾方面：

①要有良好的評估工具。

②要有正確的評估觀念。

③要有適合的措施。

④要有完整的回饋系統。

⑤評估應是連續而長期的過程。

⑥啓示其對工作進行檢討。

通過一系列對新進人員的培訓、實習後，在遵從考核的一些基本原則，應對新進人員進行全方位的考核。考核的內容涉及到職務技能、工作態度及考核結論，通過結論的依據，公司就可以選拔出優秀的營業新進人員。

9

如何指責部屬

引入

業務員小王與營業主管李君，關係愈來愈僵了！

自從小王擔任某個區域業務專員後，他的業績每況愈下，怎樣剎車也剎不住，導致今年的業績在部門內倒置。小王有怨言，他不知是工作中那些地方操作不對頭，還是自己日益增加的家庭負擔影響了他。

營業主管也有怨言了，曾一度看好的全年營業額，卻因小王拖累而大受影響，導致整體市場佔有率無增長反而銳減。身爲營業主管不得不說了，說著說著，火藥味越來越濃，簡直不是說，完全變成了指責。可是，指責也是一門學問，在萬般無奈之下，該如何對部屬進行指責呢？

重點

指責時多半因「有所不對才指責」，但所謂的「不對」基準是什麼呢？如果藉著企業方針、規劃、制度和部屬態度，及員工行爲是否有所違背來判斷，是最爲妥當的。

同時，還要判斷對方是否真的犯錯，說不定判斷完全相反，如果有此情況發生，部屬會對指責不服，反而造成負面影響。

營業主管應指導項目

營業主管要如何指責部屬，才能針對問題加以改善？

◎以客觀的見解立場來指責

如果以自己的不愉快，向部屬發洩，真的是不應該，部屬如有小錯失時只要提示即可。可是人在情緒不好容易發脾氣而嚴厲指責別人的情形常有發生。這種所謂的指責，完全是由主管的個人好惡來決定的，有失指責的標準。

太感情用事，部屬會觀察到而說「今天主管情緒不好，我們要退避三舍」，如果這樣，主管與部屬之間的距離越拉越遠。

要對部屬經常保持著公平的態度，理性之後要有感情，例如，在交辦一件事時，主管對部屬說：「這是件非常困難的工作，除了你以外沒有人能勝任，你一定能夠圓滿完成，試試吧。」就比硬巴巴地說：「這件你去做，要做好，聽到沒有」的效果好得多，部屬聽了在感情上容易接受，做起來也要起勁得多。

「老李！上週你處理的那一件客戶抱怨工作，做的很好，有進步！下次，如果時間更快些，就更理想了！」

要記住，理性只能使人行動，而感情則能使人拼命工作。要以平常心觀察，確認事實後才指責別人。「暴君」式的主管，只能令部屬生畏，與工作真的一點益處也沒有。

◎先多加對事因分析，以冷靜的態度先警告

如果因個人太生氣，情緒無法控制，不以理性方式而感情用事的責罵對方，反而不能被指責者心服口服，既然如此，這樣的指責又有什麼意義呢？

在忙亂、激動、生氣的時候，絕對不能使用指責，不妨過了一晚後再去責備。

在行使指責時候，上司必須責任感爲基礎體諒部屬。如果主管沒有這種勇氣和親切心，那麼一點小事就會發展成大事。

指責自己心愛的部屬，彼此心裏都不好受，這不是一般的人願意做的事。即使下屬犯了過錯，深入仔細追究也是於於心不忍，常常算放過了。一個要想有作爲的主管，應當克服這種心理，關愛時要關愛，該狠的時候一定要狠，這一方面是自己工作的需要，同時也是對部屬最大的關心和愛護。不然，替下屬文過飾非，掩飾錯誤，最終只會害了部屬。

想要達到指責的效果，並不是件容易的事情，至少必須具備下列條件，才能成功：

△有作爲主管的強烈自覺的責任感

△對部屬持有感情

△確認部屬的過錯是否無心的

△對自己的主張保持信念

△說服部屬發現過錯

被人指責是任何人都不舒服的事情。但如果指責者具備以上條件，部屬才會心服口服，才會知錯就改，才會充滿昂揚向上的鬥志。

◎**含有鼓勵的指責方法**

主管既具有威嚴的一面，也要有仁慈的一面。那裏有不對，就讓對方充分瞭解。無論什麼事，應給對方改過的機會。指責時，避免太囉嗦，應坦誠指出問題點，以改善績效，促進部屬在工作、人格方面更成長。

因此，避免被指責後沮喪的後遺症，以提高意願為宗旨，讓對方認為不是指責而是鼓勵。

營業主管是否成功，關鍵是看他有無能力領導部屬把事情做好。為什麼有的營業主管得心應手，有的營業主管却苦無對策呢？為什麼我們明知某個部屬潛力十分雄厚，却無法讓他有更優秀的表現呢？問題多半與激勵脫離不了關係。所謂「激勵」，乃是指促使員工發揮最大潛力的驅動力。激勵的實質是通過某種措施，使員工出現有利於組織目標的優勢動機，並按部門所需要的方式行動，激勵的結果就是促使其行動得到改變。

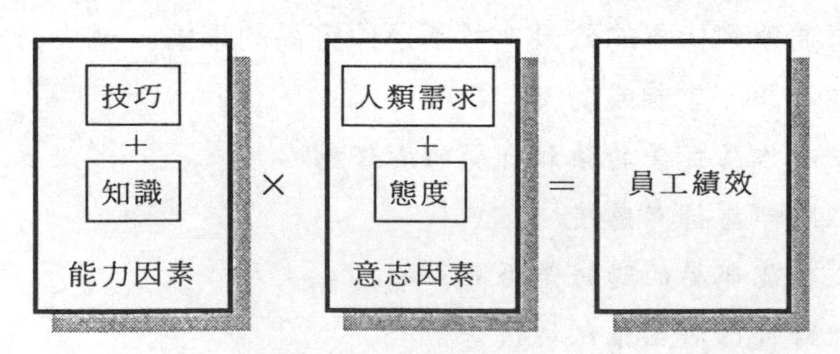

以上的模式，使你更清楚的瞭解激勵在提高部屬生產力和績效過程中所扮演的角色，如果我們希望員工發揮最大的潛力，就應該讓模式中的每一個因素都發揮到極致。否則，即使某些因素超水準發揮，仍無法彌補其他因素的不足。

能力與激勵，都必須具備。舉例而言，某位員工擁有工作所需的所有知識和技巧，公司卻未給予適當的激勵，因此他會被稱爲「受過教育的笨蛋」。相反的，某位員工雖然受到高度的激勵，也擁有高度的工作熱情與活力，卻未具備所需的知識、技巧，充其量他只是一個「受到鼓舞的白痴」。這兩者的工作表現都不會令人滿意，因此能力與激勵必須具備，缺一不可。

著名的心理學家 B・F・施金耐還特別指出，批評指責會加強不良行爲。他建議，應該把對不良行爲反應降到最低點，把對良好行爲的欣賞上升到最高點。

與其對做錯事的部屬暴跳如雷，不如心平氣和地告訴他「你的工作確實比以前有進步，但是還有一段差距，讓我來告訴你一些改進的方法。」

該怎樣指責，何時指責，因此在考慮指責的方法時，應瞭解部屬的工作能力、知識、經驗因人而異，且生活態度、性格都有差距，故依個人特性選擇指責方法最重要。

在指責部屬時，其他部屬應避免，如在大家面前指責不僅令他尷尬，也使對方無法忍受，反而使其反感。如果指責時間太久，也會減低效果。

激勵部屬的方法很多，但主要有以下幾種：

①榮譽激勵法

本方法是以滿足人的高層次需求爲出發點，而對較低層次需求的人缺乏吸引力。主要方式有：排行榜、海報表揚、上級主管賀函、贊賞、刊物報道、績優人員心得報告、會報運用、升遷等。

②責備激勵法

它是一種負激勵法，對業績表現不佳的人員進行批評、責備甚至懲罰，從負面激勵其上進。主要方式有：自強訓練、錯誤報告書、個別談話及家庭訪問等。

③競賽激勵法

通過競爭比賽與業績評估，滿足部屬展示自我才能的需求。激勵的方式有金錢激勵（各種獎金、紅包）、旅游、出國、外訓學習、進修等替代方式。競賽的種類有銷售名次賽、品項達成賽、分組挑戰賽等。

④凝聚力激勵法

通過談心、培訓、參觀、團隊競賽、比賽等方式激發其凝聚力及歸屬感，從而達到激發士氣，提升業績的目的。

10

如何評估業務員績效

引入

業務部陳君最近很消沈，因爲年底考績評等殿后；倒不是因爲評等不好而生氣，而是對於評等不心服。

營業部主管也是內心煩惱，每年總有若干業務員爲年底評等而過來抱怨，他正煩惱到底如何才能公平評估？如何獎懲有效？

重點

有公平、客觀的評估方法，才能有效的決定業務員績效優劣、也才能有效的獎懲。

績效的正確評估不僅是要從銷售報表和個人觀察中得到銷售人員的信息，更重要的是要建立一個評估的標準。這就需要營業主管及業務員有以下動作：

△營業主管必須公布他們評價銷售績效的標準；

△營業主管需要收集有關每個業務員的足够信息；

△業務員需整理好資料、做好準備向營業主管解釋爲完成某個目標所做的努力、積極獲得的成功或遇到的失敗。

業務員的年度業績可以用下列方式來計算：

$$年度業績=工作天數\times\frac{總訪客次數}{工作天數}\times\frac{總成交筆數}{總訪客次數}\times\frac{總業績}{總成交筆數}$$

$$\frac{總訪客次數}{工作天數}=平均每天訪客次數$$

$$\frac{總成交筆數}{總訪客次數}=成交率$$

$$\frac{總業績}{總成交筆數}=平均每筆成交金額$$

根據年度業績公式可以轉換爲下列公式：

年度業績＝工作天數×［平均每天訪客次數］×［平均每筆成交金額］

績效因素分析即是根據業務員創造業績的上述四個重要的績效因素（工作天數、平均每天訪問次數、成交率、平均每筆成交金額）爲基礎來加以評估的。

從上列這些因素可以看出，如果一個業務員的工作天數越長、平均每天訪客次數越多、成交率越高、平均每筆成交金額越大，則業績就越高。但是這四個因素之間彼此並非完全是正向的關係，譬如，工作天數長並非代表平均每天訪客次數會越多，同時，平均每天訪客次數越多並不一定代表成交率越高。

表 5-10-1　銷售績效構成表

	銷售效率	公式	上期	本期	對比
1	銷售計劃完成率	實際銷售÷計劃銷售額×100%			
2	銷售計劃增長率	本期銷售額÷前期銷售額×100%			
3	銷售毛利率	銷售毛利÷實際銷售額×100%			
4	貨款回收率	本期加收額÷前期未應收款＋本期銷售額×100%			
5	顧客人均購買量	實際銷售額÷購買顧客數			
6	每次推銷平均銷售額	實際銷售額÷訪問總次數			
7	日均訪問次數	訪問總次數÷實際訪問日數			
8	銷售額對減價額比率	減價退款額÷實際銷售額×100%			
9	索賠發生率	索賠總件數÷購買總件數×100%			
10	新用戶開發率	新開發訂貨用戶數÷訪問新用戶數×100%			
11	接待顧客率	接待總次數÷訪問總次數×100%			
12	實際工作率	交談總時間÷實際工作時間×100%			

訪客次數多代表業務員工作勤奮，若成交率低則可能約訪

的客戶對象不正確或推銷技巧不佳。此外，平均每筆成交金額降低，因爲訪問次數越多，花在每個客戶身上的時間就會越少，對於大客戶照顧不够，反而會使平均的成交額降低。

營業主管應指導項目

因此，營業主管在根據上述四個績效因素做評估的時候，應該更進一步去探討形成這些數字的原因，作爲提升業務員績效的參考。

◎現在與過去的銷售額比較

這種評價的方法是：比較一個銷售代表現在和過去的成績。如表 5-10-1 所示。

通過表 5-10-1 的公式不難看出，只有上期和本期的營業額對比，就可以瞭解本期業務員的績效了，通過這種績效，可以對業務員作一個正確評估。

◎綜合能力評估

評估績效不能從單方面或某個方面去評估，應對其綜合評估才對。例如以財務的角度來衡量業務員的績效好壞，有時會造成反效果，即業務員爲了爭取業績不擇手段的推銷商品，會影響公司的信譽。同時也常看見業績好的人員態度傲慢，和別人的協調合作關係很差，甚至不接受主管的指揮，不遵循公司的政策，天馬行空，我行我素。因此綜合能力評估即是根據業務員的業績、能力、態度、行爲等作綜合的考量。

對一個人全方面進行評估，首先要決定評估的項目，一般常見的評估項目有：工作態度、推銷技巧、商品知識、市場掌握、溝通技巧、客戶關係、協調合作、計劃統籌、時間管理和書面報告等，除此之外還可加入儀表談吐、創意能力、判斷能力和應變能力等項目，視各公司的需要而定。見表 5-10-2 所示。

表 5-10-2　業務人員甲綜合能力評估

（綜合得分：6 分）

評估項目	極佳	良好	普通	不好	極差
	（2）	（1）	（0）	（-1）	（-2）
工作態度					
推銷技巧	√	√			
商品知識	√				
市場掌握	√				
溝通技巧	√				
客戶關係		√			
協調合作				√	
計劃能力			√		
時間管理				√	
書面報告					√

確定評估項目後，還要決定這些評估項目的標準，從上表中可以看出，它是採用五個層級的計分量表，量表的不同，得分也不同。

最後是對這五層量表中不同的表現，而統計出綜合得分，得分越高，業績越佳，反之，得分越低，成績也越差。

通過對業務員綜合能力評估表可能清楚看出該業務員的長處和短處在那裏，可以作爲改進的參考。但是這種評估沒有業績評估那樣嚴謹，這種方式比較偏重於主管的主觀判斷，因此評估者能否公正無私是評估的關鍵，否則，評估則失去意義。

◎等級綜合評比

等級綜合評比是把公司內所有業務員根據各項績效表現逐項評比，依名次列出，最後加總，分數越少，代表績效表現越優秀。

在評比的過程中，最重要的是選定評比的項目，要列出評比標準，這些標準包括業績、業績達成率、利潤貢獻、新客戶開發、工作報告、銷售費用佔業績的百分比、工作態度、平均每天訪客次數、成交率、平均每筆成交金額等。這些評比項目並非一成不變，視各公司的需要而定，有些公司較重數字，有些公司則較重行爲表現。如表 5-10-3 所示。

從表 5-10-3 可以看出綜合評比的結果，業務員甲表現最優，有三項獲得第一，利潤貢獻率最高、新客戶開發最多、工作態度最好，但有二項最差，業績最差和平均每筆成交金額最小有待改進。

業務員乙表現其次，也有三項獲得第一，業績達成率最高、平均每天訪客次數最高、平均每筆成交金額最高，同樣有二項最差，工作報告最差和成交率最低有待改進。

業務員丁表現第三，有二項獲得第一，業績最高、工作報告最好，但有三項最差，利潤貢獻率最差、銷售費用佔業績百分比最高、工作態度最差需要改進。

表 5-10-3　業務人員等級綜合評比表

評 比 項 目	業務甲	業務乙	業務丙	業務丁
業　績	4	3	2	1
業績達成率	3	1	4	2
利潤貢獻率	1	3	2	4
新客戶開發	1	2	4	3
工作報告	2	4	3	1
銷售費用佔業績%	2	3	1	4
工作態度	1	2	3	4
平均每天訪客次數	2	1	4	3
成 交 率	3	4	1	2
平均每筆成交金額	4	1	3	2
評比加總	23	24	27	26

業務員丙表現最差，不過仍有二項獲得第一，銷售費用佔業績百分比最低、成交率最高，但有三項最差，業績達成率最低、新客戶開發最少、平均每天訪客次數最少需要改進。

採用等級綜合評比，可以讓業務員在各項評比項目中彼此競賽，唯有十項全能者才能獲得第一。此種績效評估的方式最大缺點是，假設每種評比的項目重要性是相等的，通常一般公司所認爲重要的項目，譬如業績達成率或利潤貢獻率等無法獲得較大的評估比重。

◎評估不要流於形式

對於績效評估來說，它是業務管理上相當重要的一環，但許多公司並不重視，或是草率進行，同時，評估者和被評估者也把它當成是例行公事，千篇一律，做過就好，只停留在紙上作業的階段，而無法把評估的結果實際付諸行動。

根據企業的要求是，在評估作業完成後，管理者必須採取以下的行動：

①誰應該獲得升遷？

②誰應該獲得獎賞或加薪？

③誰應該被處罰？

④誰應該被開除？

⑤誰應該加強訓練？

⑥業務訓練的內容應該加強那些？

⑦每個業務員的缺點是什麼？如何改進？在多久期間內應該改進？

雖然獎賞、加薪和升遷人人都喜歡，而改進、懲罰甚至開除則令人不愉快，但唯有賞罰分明，才能使績效評估發揮作用。如果結束績效評比後，相應的措施好壞相差無幾，評估會完全流於形式。

◎提升部門績效標準的對策

一般而言，設定有效的績效標準，必須具備 3 項基本特徵：

△部門績效標準應是爲人所知

營業主管在設定績效標準之前，事先與部屬商討，共同設定目標與標準，一旦績效標準確定之後，更讓所有參與人員清楚明瞭所訂的標準。避免主管與部屬之間無法互相建立信心，彼此之間信賴不够，喪失績效的正確意義。業務員很擔心績效達成之後，無法獲得公平的獎懲，這樣對於整體部門的士氣和績效的提升，將會產生不良的影響。

△績效標準要儘量具體並且可以衡量

雖然人們對績效評估的標準力求公平、公正且公開，事實上，主管在評定績效的標準上再怎麼公平、公正都很難做到客觀，主觀的因素往往是在關鍵時刻無法避免。因此，主管在評定績效標準時儘量用數據來表示。

屬於印象或態度方面的部分，應儘量避免作爲衡量績效的標準，因爲抽象、不具體，就無法做到客觀衡量的比較。

△績效標準必須有意義

績效評估是配合公司的目標所訂的標準，並將整體目標化爲個人的目標，所採用的資料，必須是真實的數據來作爲績效的標準，而且必須是有意義的標準，不能變成形式化，否則績效的評估就很難具有實質的意義，對部門的績效更難以提升。再者，績效標準必須是可達成的，無法達成的績效標準，是無意義的。

11

如何降低營業費用

引入

所謂營業費用是指兩種定義，即廣義和狹義。廣義的營業費用是指市場活動（營銷）成本；狹義的營業費用是指營業部門的費用。

一般來說，銷售費用的項目構成分爲變動營業費用和固定營業費用兩種。變動營業費用又由銷售條件費、傭金費、促銷費、運輸費及其它費用（包括交際費、差旅費、交通費、水電費等）構成；固定營業費用是由人事費、折舊費、其它費用（包括租金、保險費、銷售資料費、培訓費等）構成。

公司內的營業費用有那些？應該如何降低營業費用呢？營業主管要有具體工作項目，落實執行。

重點

標準就是行動的指南針。通常，營業費用的預算方法是由以下幾種方法構成的：

・以過去的實績爲準的方法。

・依靠銷售毛利或銷售收入目標值的方法。

・從純利目標倒算的方法。

・依是否隨銷售收入而變化的方法。

・根據單位數量求算的方法。

得知了銷售費用項目和預算方法後，要對營業費用預算進行編制預算，通過編制可針對性地選擇那些費用是該支出的部分，更合乎本公司的營運戰略。

一般來說，銷售費用預算編制的方式有兩種，即：自上而下式和自下而上式。兩種方式各有優、缺點。很多公司在編制預算時，同時採取兩種方式對照編制，以便使銷售預算更加支持公司的目標，確保銷售目標的實現。

自上而下這種編制費用預算方式，營業主管會考慮到公司戰略及目標，在進行銷售預測以後，對公司可以利用的費用有了一個大概的瞭解，然後根據要實現的目標和要進行的活動，選擇一種決定銷售費用預測的方法草擬預測，分配給各部門。

自下而上這種編制費用預算方式，業務員總是根據上年度的預算結合本年的銷售定額，用慣用的方法計算出銷售費用預算，最後提交給營業主管。

但銷售費用的預算並不是一成不變的，它會根據環境的變化而變化，根據市場狀況要求有所調整，它是爲實現公司戰略目標而設置的。一般銷售費用估算表制訂格式如表 5-11-1 所示。

表 5-11-1　銷售費用估算表

地區：　　　　　　　　　　　　　　　　　　單位：萬元

序號	項目	1 月	2 月	——月	12 月	合計
1	工資					
2	水電費					
3	報紙雜誌費					
4	租賃費					
5	差旅費					
6	實驗檢驗費					
7	交際應酬費					
8	交通費					
9	勞務費					
10	郵電費					
11	培訓費					
12	樣品費					
13	促銷費					
14	樣品費					
	合計					
備註	計劃銷售額： 銷售費用佔銷售額比：					

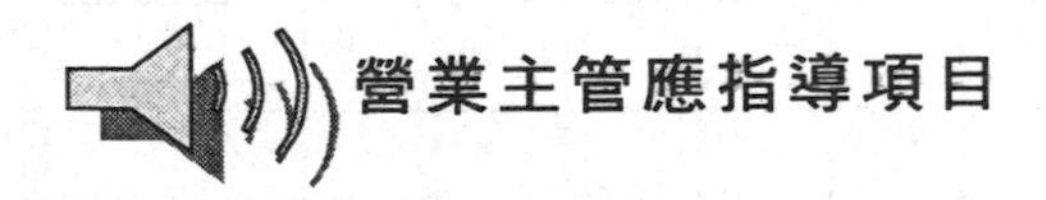

營業主管應指導項目

要對銷售預算進行控制，控制的目的是降低營業費用。營業主管應每週、每月對自己負責的費用進行檢查，填寫費用報表及差異分析表，及時發現問題，找出癥結，制訂出整改方案。具體控制的方式分以下幾種：

第①步：制訂銷售費用估算表，確立支出項目及費用的標準。

第②步：以星期/月份爲單元，繪製統計表作差異比較，並考量每月銷售量，從中抓取基準，作爲評估依據。對比分析後，營業主管作出決策，將下週預算要點下發給各部門。

統計差異表的格式編制如表 5-11-2 所示。

表 5-11-2　銷售費用日進度控制表

序號	項目		1	2	3	4	5	…	30	31	合計	備註
1	水電費	計劃										
		實際										
2	差旅費	計劃										
		實際										
3	交際應酬費	計劃										
		實際										
4	交通費	計劃										
		實際										
5	郵電費	計劃										
		實際										
6	促銷費	計劃										
		實際										
合計		計劃										
		實際										

表 5-11-3　月份銷售費用檢討表

地區：　　　　　　　　　　　　　　　　單位：元

序號	項　目	預算	實際	差異	說明
1	工資				
2	水電費				
3	報紙雜誌費				
4	租憑費				
5	差旅費				
6	實驗檢驗費				
7	交際應酬費				
8	交通費				
9	勞務費				
10	郵電費				
11	培訓費				
12	樣品費				
13	促銷費				
14	樣品費				
合　計					
備註					

第③步：對於異常項目，檢討各項開支的使用方式，是否過度？此包含部分人員公器私用和某些狀似正常、其實已經沈屙已久的項目，都需列出，財務人員將各項預算與實際發生額進行對比，然後宣布結果。

費用檢討表的格式編列如**表 5-11-3** 所示。

第④步：不當的開支原因，通常是來自錯誤的使用方式和管路洩漏。例如：使用人員未能隨手關閉水電開關、作業方式錯誤、工作參數未制定、無紙化運動不落實、可回收資源未運用、管道陳舊破損造成資源流失……等等，可建立查核表(Check list）逐一檢查，營業主管對所轄區域的預算與實際發生之結果進行理由陳述，並對問題項目提出調整意見，全體討論。

第⑤步：問題點確認之後，就要訂定改善對策。營業主管作出決策，發布下月費用控制要點，由業務員依據工作要領在期限內改善完成。

營業主管在處理問題過程中，要結合組織的力量，不要讓自己陷入孤軍奮戰和鑽牛角尖的泥潭中，當找到異常原因並確認解決方案以後，接下來的重點，不在於誰應該接受懲處，而在於問題應該如何改善，也就是說：「解決，才是發現問題後的真正目的。」

12

如何增加商店的營業額

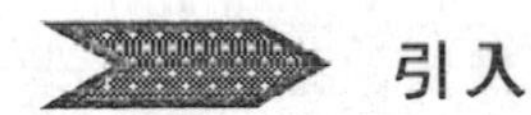

引入

商店要增加營業額，有一定的遵循途徑，有如數學公式，透過此增加營業額的公式，商店可設定相應的具體方法，以提升業績。

不只是商店老闆要遵循此方法，供貨廠商的業務員，由於推銷貨品給商店老闆，更要瞭解此「商店業績公式」。

「誰來購買，如何購買，何處購買或者是爲什麼購買？」，是一個成功業務員要把貨物賣給商店，所要研究的問題。

重點

就拿一家零售店每天營業額的多少來說，就可以反映這個問題。究竟每天營業額的構成以及期間所代表的含義包容那些，都是我們如何去提高營業額所必須深入瞭解的重要課題。

如何運用各種行銷因素去提高商店業績，採取有效的措施呢？透過下列公式的分解，可以瞭解營業額的真正涵意。

首先對營業額的構成公式，必須應有個基本的瞭解，也才能便於做比較分析之用。營業額的構成公式分解爲：

①營業額=交易數×平均交易客單價

②交易客數=通行客數×顧客入客比率（入店客數÷通行客數）×顧客交易比率（交易客數÷入店客數）。

③平均交易客單價=平均購買商品數×商品平均單價

由以上三項可以得知：

營業額=通行客數×顧客入店比率×顧客交易比率×平均購買商品數×購買品平均單價

營業主管應指導項目

經由以上公式分析，我們可以得知營業額的構成乃是：①**通行客數**、②**顧客入店比率**、③**顧客交易比率**、④**平均購買商品數**、⑤**購買商品平均單價**等五項因素之相乘效，因此，若想提高商店的營業額就必須從這五項因素著手分析了。

△通行客數

由於通行的顧客數量多少，能影響商店的業績，所以一般商店在店址的選擇上，都是優先考慮在人口數量較頻繁的地區設店。當然也有利用促銷或給消費者提供便利等因素增加顧客，吸引顧客來此店進行消費，另外，店鋪商圈擴大或培養基本顧客也是可行的方案。

△顧客入店比率

即使商店位於顧客流量頻繁之處，若公司本身缺乏吸引顧客入店的魅力，亦難帶動商店的業績。因此，如何有效地塑店舖個性，諸如橱窗展示陳列的魅力、店面布置的美化、以及促銷展示活動的吸引力、商品款式功能的多樣化等，不但能引起通行顧客入店的興趣，甚至能吸引專程前來的顧客，從而增加顧客入店的比率。

△顧客交易比率

當顧客入店以後，如何引起其購買商品的動機或行動，這就要有賴於公司整體商品力與販賣能力的發揮了。諸如樓面裝潢氣氛、商品構成特色、展示陳列效果，以及銷售人員的服務態度，及待客技巧的表現等綜合因素的組合運用，只有利用這些因素才能提高顧客購物的成交比率。

△平均購買商品次數

顧客購買商品次數的多少決定於商店對商品收集是否齊全，以來滿足顧客的需要，或者商店銷售人員及時瞭解顧客的消費需求，以便一系列提供給顧客關連的需求商品。同時，藉著銷售人員對商品知識的不斷瞭解，隨時能爲顧客作出適當的說明和建議，而促進顧客對商品的信心與需求性，以增加來店顧客購買的商品數。

△購買商品平均單價

前面所提到的平均購買商品數乃是顧客購買「量」的增加，即「量」；而購買商品平均單價是針對商品的「值」。光有「量」而無「值」，同樣商店的營業額上不去，即使再多的「量」也沒有實質上的意義。如何提高「值」，就必須在商品的收集上，針對顧客所需，以提供附加值較高的商品。只有這樣才能「值」。如果一定數量的「量」與「值」相輔相成，營業的利潤也令人

可觀了。

所以說，提高商店營業額，不是靠單方面的努力就可以實現的，它是由地力、商品力、販賣力等因素互相結合的效果。在實際操作中，要靠商店的經營人員掌握住市場的各項消費動態，靈活運用各相關的市場行銷因素，針對顧客的需求與慾望，結合自己內外的經營條件，才能帶動整個商店的營業業績，也才能確保其經營利潤。

13

如何增加你的潛在客戶

引入

如果潛在客戶欲增加，那麼你必須先接觸，只有通過對顧客的接觸和溝通，才能篩選出準客戶。那麼如何有效率地接觸你的準客戶呢？首先，你必須先確定兩個問題：①我的銷售對象是誰？②用什麼辦法開拓？

在選擇銷售對象時必須考慮三點：①他存在購買需求嗎？②他存在購買能力嗎？③他存在購買決策嗎？只有當你確定銷售對象後，才考慮如何在有限的時間內，用什麼辦法有效率地接觸這些客戶。

重點

首先考慮的問題是，用什麼方法來對這些銷售對象進行接觸，使他們成爲自己的準客戶呢？常用的方法有以下幾種：

△朋友和熟人

業務員可以從親朋好友中列出潛在顧客名單，問自己：「我認識誰？」。名單可以從以下途徑列出：

①以前的工作

②就讀的中學和大學

③業餘愛好 和體育活動

④公衆服務組織和慈善活動

⑤鄰居

⑥教堂

⑦參加的各種組織

△無窮的連鎖反應鏈

每次訪問客戶之後，銷售人員可以向客戶詢問有無其他對該產品感興趣的人，這樣，不必花費很長時間，就可以開發出長長的潛在客戶名單來。第一次銷售訪問後產生了 2 個顧客，這 2 個顧客又帶來新的 4 個，4 個又產生了 8 個，如此不斷擴展。

△有影響力的人物

有影響力的人物是指那些因其地位、職務、成就、人格而對週圍的人有影響的人。他們是事物見解的引導者，他們的影響力就像車輪的輻條一樣，輻射至四面八方。因爲他們代表了權威，讓其推薦尤其有效。

△無競爭關係的其他銷售人員

銷售非競爭性產品的其他人員，是獲得潛在顧客的絕對途徑。這些銷售人員很可能握有關於新開張的企業、人員變動的最新信息，或者其他有價值的數據。

△上門推銷

先確定可能有潛在顧客的區域，然後開始挨戶上門推銷。

△觀察

觀察是指通過個人注意週圍的人群，以發現潛在顧客。

△名單和電話簿

報紙、貿易出版物、名錄和電話簿等，這些都是信息來源的載體。通過這些載體，可能都有對產品和服務需求的信號，從而也提供了銷售線索。

△直接郵寄信件

通過直接郵寄信件尋找潛在顧客，是一種有效的方法。當潛在顧客收到信後，並被告知，如果他們對產品或服務感興趣，可以回信。儘管回信率很低，但這種做法仍然是一條有價值的途徑。

△廣告

可以在雜志、電視、報紙等大衆傳播媒介上發布信息，讓消費者來函或來信索取信息，然後從這些信息中甄別選擇，尋找潛在顧客的線索。

△討論會

討論會有很多優點：會上可以向多個潛在顧客做宣傳，從而最大限度地利用時間；會上有充足的時間演示；還可以吸引那些以個人見面方式很難見到的潛在顧客。討論會還可以把潛在顧客和滿意客戶用聯係起來。使潛在顧客參加討論會最好的方法是採用三步驟法：①郵寄邀請信②電話確認③最後推醒。

△電話推銷

電話推銷是通過大衆媒體廣告、直郵和其他促銷措施，激勵潛在顧客和客戶來電。從來電中推銷其產品或服務。

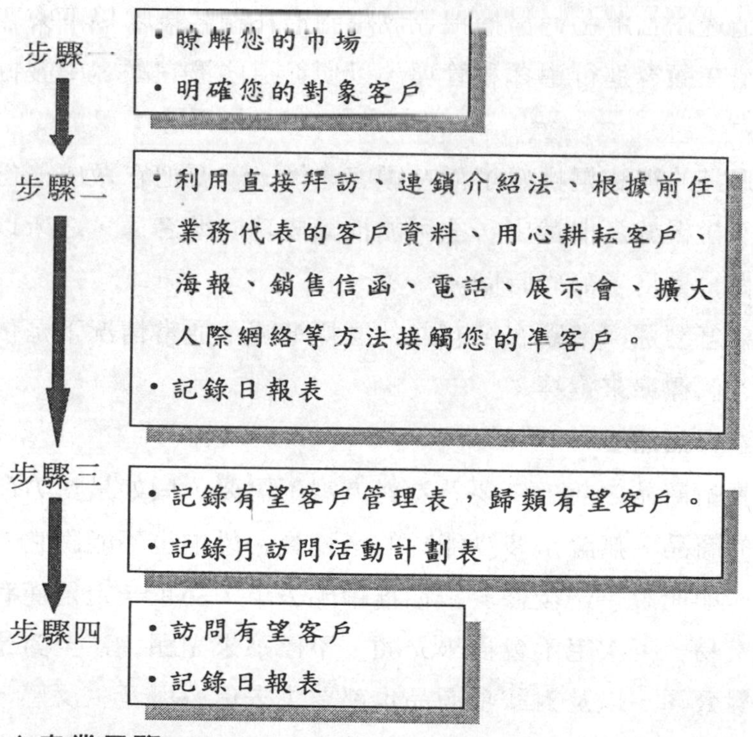

△商業展覽

商業展示有很多優點：公司能够從商業展示上立即獲得大量潛在顧客的認可，因爲顧客參觀了公司的展臺，同時也看見了他們的產品。許多公司就是依靠展覽會上的展示發現潛在顧客的。

△「休眠」的客戶

「休眠」的客戶並不只是以前不滿意的顧客。常見的原因也許是，這個地區的前任業務代表不再給他們打電話，或許是有一個新業務人員接管了，等等，如果銷售人員肯花時間跟他們聯繫，「休眠」的客戶有可能重新訂貨交易。

通過以上這些途徑捕捉或收集到潛在顧客後，接下來要對這些潛在顧客進行選擇和管理，以便從這些潛在顧客中發掘出準客戶。

通常的辦法是挑好了潛在顧客之後，就要把它做成一份名冊，然後根據名冊選出一些可能推銷成功的準客戶，之所以要這樣做，是爲了節省時間。

要怎麼選擇準顧客？有些什麼標準呢？通常情況下是依照下列五個標準來選擇：

△有無需要

推銷商品之前，先要看看對方需不需要，假如是對方所不需要的商品，無論是多少能幹的業務員，恐怕也不能將它銷售出去。即使說，最後終於被你推銷出去了，那也一定是僅有的一次交易，下次絕不會再來光顧，不僅不來光顧，甚至對業務員、對公司，以及對該項商品也都要失去信心與產生反感。同時，恐怕貨款有難以收回來的危險。因此，我們必須先站在買主的立場上，設身處地的考慮是否爲顧客所需要。如不是他需要，勉強無益。

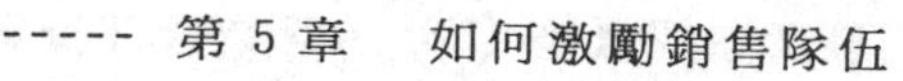

△有無付款能力，信用如何

若要真正達成銷售任務，就必須把貨款收回來。若是對方沒有支付能力，業務就不可能成功。貨款難以回收的情形，就是對方沒有付款能力或是信用有問題。

有無支付能力可以是通過種種方面調查出來的。例如，調查對方財務往來銀行、分析已公布的各種財務表、或是請教往來客戶等等。基於這些資料，就可以知道對方付款能力和信用如何。

△有無決策權

選擇準客戶時，還需要瞭解決策權掌握在誰手中。決策權若是操縱在總公司手上，即使分公司離你再近，來往又是多麼方便，你若以此分公司爲對象而推銷，那就不會有任何意義，無異於緣木求魚，浪費時間。這時候你應以總公司爲銷售對象，分公司爲援助機構，否則白費時間，無效益。

△接近的易難度

接近顧客的難易度，廣泛地是指相隔距離的遠近、購買時間的長短等，簡單地說，就是你能否方便地見到潛在客戶。不能接近的對象就不能當作準顧客看待。

△有無使用能力

某些商品在使用上需要特殊技術時，必須考慮準顧客方面有沒有使用的能力。或者說，能否以支援服務加以解決等。假設說對方實在沒有能力使用，支援服務也不能解決時，業務就不必談。縱使你勉強推銷給他，將來不免也會發生種種麻煩。

以上就準顧客的選擇方法，列舉了五項選擇標準。此外，由於各個公司不盡相同，所處的立場也不一致，在選擇上也有許多須斟酌的地方。例如，由於區域過遠、聯絡不方便、所需經費過多，或是說在推銷上可能有損及賣方的商業信譽等等，都是需要研究的事情。總之，選擇顧客時，必須力求合理。只有合理的選擇，才能直接或間接的使銷售工作得到順利進展。同時，也惟有如此，能減少經費，才不致使收款發生問題，導致銷售交易的風險。

具備了以上這五個條件的準客戶，可稱爲「有望客戶」，爲了獲得最大的效率，我們還必須把這些有望客戶分類進行管理，才能提高推銷的效率。

營業主管應指導項目

對有望客戶如何進行分類呢？依什麼標準進行？常見的以三種方式來考量：

①依可能成交的時間順序來分類

A：一個月內可能成交的客戶。

B：三個月內可能成交的客戶。

C：超過三個月以後才可能成交的客戶。

對於A項，你可安排短期及高頻度的拜訪，對B、C準客戶，你可依情況，計劃你的拜訪時間。

②依客戶的重要性分類

所謂「重要性」是指客戶可能購買交易額的大小區分，要想提高銷售的業績，對大客戶就必須多花一些時間來安排拜訪。

可以將準客戶依重要性分爲三類：

A：重要

B：次重要

C：普通；一般

當你手上有了「有望客戶」的名單後，你可依客戶的可能購買期間及重要性，計劃出你每天、每月的拜訪活動計劃。

綜合增加準客戶率效率的上述兩個途徑，在推銷實務上可依下圖順序進行，並可配合銷售人員的報表、年度有望客戶管理表、每月訪問計劃表來幫助業務員共同完成推銷活動。

潛在客戶不是一朝一夕就可以建立起來的，它如滾雪球，開始時你花了大量時間和心血，也不見雪球擴大，一旦有望客戶基盤擴大到一定的程度時，你的業績增長就如雪球般愈滾愈大，你會發現你的客源不斷、業績也會成倍增長。

圖 5-13　有望客戶管理表

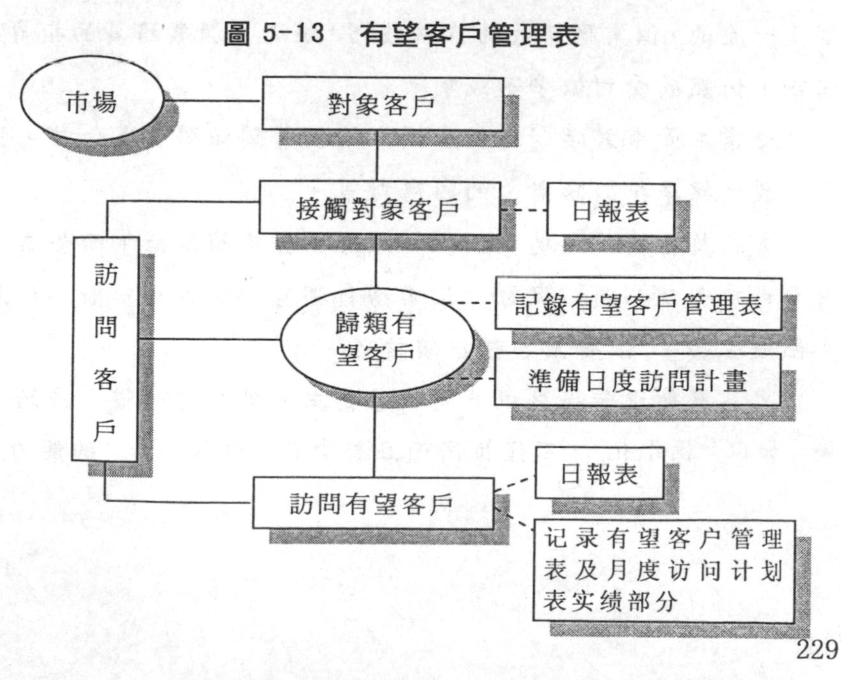

14

如何建立標準推銷話術

引入

營業主管李君最近疲於奔命，因爲公司聘用 3 個業務新兵，李君爲了協助這些業務新兵開發業績，每週都固定排出 4 天來陪同拜訪、推銷，已經爲期三週了，但業績仍然沒有改善，單位內的資深業務員，銷售業績好，推銷技巧，推銷說明話術都是一流的，但業務新兵的推銷技巧，經過資深業務員的指導、培訓，仍然感受到似乎不成功。

營業主管李君碰到這個麻煩，請教營銷顧問黃憲仁君，提出「製作標準推銷話術」的因應對策。

業務員要推銷成功，個人必須有一套推銷話術，而營業主管要成功，就必須確保每一位業務員都有一套推銷話術，而且「熟成生巧」，演變出各種推銷技巧。

尤其在新進業務員衆多時，營業主管更應將此種「推銷話術」加以「標準化」，不僅拉高而且整齊化「銷售團隊」的能力。

重點

一個成功的推銷員必須把顧客的注意力吸引或者轉到你所推銷的產品上來，使顧客對其產生興趣。這樣，顧客的購買慾望也就隨之產生，爾後促使顧客作出購買行動。也就是我們通常所說的服務過程和推銷過程。在服務過程中，當顧客採取主動的時候，他們會自動找推銷人員，告訴他對那些產品感興趣，有那些要求，想購買什麼東西；在推銷過程中，業務員則應主動吸引顧客的注意力，使顧客產生購買興趣，喚起顧客的購買慾望，當顧客認識到購買一種產品是一種必要時，然後促使其做出購買決定和採取購買行動。

爲了有效吸引顧客的注意力，在業務洽談開始，推銷員的談話必須要引起顧客的充分注意。業務員的第一句話「怎麼說」，如果這個頭開得好，顧客就樂意聽下去。開頭幾句話必須是非常重要的。爲了防止顧客走神或考慮其他問題，開頭幾句話必須生動有力，不要拖泥帶水，不要支支吾吾。只有在洽談一開始，提出一個使顧客感到很驚訝的問題，才會使顧客對提出的問題加以考慮。這是引起顧客注意力的一種好方法。

在「怎麼說」時，業務員的雙眼要目視顧客的眼睛。這也是使顧客注意力集中的一種好方法。這樣做，可以迫使對方精力集中。沒有目光的接觸，你的銷售談話再生動活潑、委婉動聽，也不會引起顧客的注意。

業務員要注意，在服務和推銷過程中的不同階段，要有不同的談話內容，並向自己提出如下幾個問題：

①我的推銷談話能否立即引起顧客的注意？

②我的推銷談話能否引起顧客的興趣？

③我的推銷談話是否能使顧客意識到他需要我所推銷的產品，從而使顧客產生購買我所推銷的產品慾望？

④我的推銷談話是否能使顧客最終採取購買行動？

若無法達成下列目的，業務員本身應善加檢討推銷話術，是否有不妥之處：

①是否描述相當具體，使顧客感動並驚訝不已。

②是否活用實際的事例，輔助介紹商品的特點。

③是否採用顧客聽得懂的語言，讓商品形象牢牢印在顧客的腦海中。

④是否可以很快激起客戶的購買行動。

怎樣才能引起顧客的注意力呢？方法是多種多樣的，至少包括招呼話術、介紹話術、贊美話術、說明商品的話術、拒絕說服的話術、締結的話術、辭謝的話術、處理抱怨的話術、店頭推銷話術、針對經銷商進貨或參加活動的話術等等。

營業主管應指導項目

在配合推銷活動的過程中，企劃部門應事先設計妥當說服話術「怎麼說」，確保促銷活動的績效。

企業如果想利用標準推銷話術來提升業務員的能力，其步驟有三：

①落實內部重視推銷話術的重要性。

②由企劃部門與營業部門共同製作各式標準推銷話術。

③善加利用各式訓練機會並推廣，令業務員熟悉標準推銷話術。

△標準話術的製作

雖然標準話術的製作方式有多種多樣，但總結起來不過是以下幾種：

①將業務員集中起來，把顧客時常提出的問題加以匯總。

②將問題匯總後分類，並分析其嚴重性的程度。

③以腦力激蕩方式尋求理想的回答方式。

④由專門負責企劃的同仁編制成標準話術或徵求內部提出。

⑤根據以上結果編制推銷標準話術。

⑥以角色扮演法，令全體人員受訓或觀摩，並時常提出加以修改（補充）標準話術教材內容。亦可在內部實施徵文活動，吸引同仁注意力，吸收最佳話術。

△標準話術的推廣方式

標準話術制訂後，爲了得到貫徹和實施，讓業務員更好地領會，就必須把制訂好的標準話術推廣給業務員，讓業務員更好地運用到工作中去。

那麽，通過什麽方式將標準話術在營業部門得以推廣呢？常用的方式有以下幾種：

①利用角色模擬法，定期演練，務其能熟練應變，應對自如。

②在內部刊物上徵求，並以贈獎方式激發業務員的興趣。

大衆參與。

③在營業部門的每一個朝會上，針對每日一個的反對主題，舉行話術推廣比賽，促進溝通交流。

④以手冊或大海報等方式書寫各則重要標準話術，利用朝會大聲朗誦，久而久之，便能隨時朗朗上口，增加記憶。

⑤在朝會上由主管主持簡單的角色扮演，互相客串，每日一則，務求臨場不懼。

⑥定期教育訓練，並舉行書面的簡單測驗。

⑦時常以內部刊物徵求答案，集廣益思，群策群力。

營業部門爲提高整體業績，使業務員的素質得到均衡發展，應將業務員的推銷話術加以標準化，再配合商品線規劃，擬妥促銷計劃，並落實執行各種推銷話術（訪問話術、應對話術、商品介紹話術、進貨話術等），幾乎都能在短時間內迅速提升其業務核心競爭力。

有效的推銷話術，可以建立與客戶的良好人際關係，培養成爲公司的長期客戶，更進而自動推介本公司的產品，是創造公司利潤的最佳武器。

《推銷話術》考試卷

①第一次爲筆試。

②第二次爲角色扮演法

學員姓名：　　　　　　　　　　　　第　次考試

NO	客戶反應的問題	您的應對話術/應注意事項
1	太貴了，我不要進貨	
2	別家的貨款可以延到三個月	
3	你們對消費者的保證服務期間怎麼只有半年而已呢？	

《註：得分未達基本標準，應按內部管理辦法執行，每週參加晨讀》

有獎徵答

業務員對於底下的問題，最常碰到，也最感到頭痛，您認爲最理想的應對話術有那些？寫出來，大獎等著您來拿！

題　次	題　　目
第 三 題	塑膠油網不好用，遇火就萎縮了！

我認爲最理想的應對話術是

____

____

第六章

如何管理有問題的業務員

1

內向孤獨的業務員

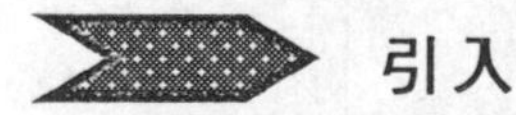

引入

甲先生被調到本部門已有半年時間了，工作不僅能如期完成，而且也具有相當的潛力，但是在本部門中卻始終是個不起眼的角色，在開討論會上從不發言，與同事之間好像也刻意的在回避，他私下也沒有什麼交往的朋友，而最近他一下班就馬上走掉，更不想加班，且幾乎從不出席參與公司的活動。

營業主管在面對人才不足而想多加重用他的情形下，該採取什麼樣的方式改變他的行為？

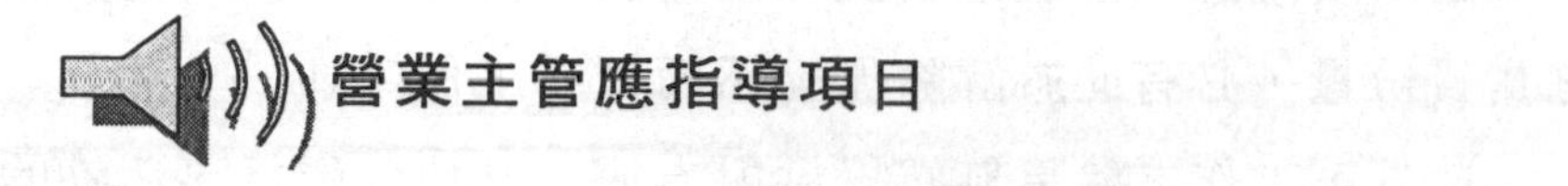

營業主管應指導項目

面對甲先生的案例，仔細觀察其狀況，你便會發現，問題的癥結在於兩方面：一是本人，二是部門使然。找出癥結後，對症下藥：

・部門內是否有令人孤立的氣氛

在問題解決之前，營業主管有必要檢討本部門內是否有令人孤立的壞風氣存在。尤其在工作外的場合中，往往因私人間交往關係，使得交往較生疏的業務員，在工作場合中也會受到排斥與冷落。

根據甲先生拒絕加班與不參與公司活動的情形來看，如果其原因並不在於部門內氣氛環境，那就得歸咎於其本身性格，那麼在他尚未發揮潛能以前，而趁早設法改變其行動模式。

・創造一個合作環境

以主管的立場，首先是給與甲先生一份不得不在部門內互相協力才能做好的工作；例如把他和較積極的員工搭檔在一起進行作業，或是提拔他擔任新企劃案的核心分子等。這樣做，主要是讓他置身於一個必須和大家共同協力合作的環境，與他人相聚的體驗中完成工作而得到充分的快樂。

・給他成功的機會

這類型的人，通常不認為自己對部門有影響力。作為主管想好好運用他的實力，不妨給他創造一些具有成功意義的機會，比如交待一些比較容易有實績效果的工作。讓他很快可收到回應的成就感，讓他感覺體驗到自己所扮演的角色，與貢獻之實質份量，必有助於解除孤立感而提升工作幹勁。

此外，工作之餘更無妨提供對方擔任其他各種行事活動的幹部，讓週圍同事也參與協助，共同完成好似一家人的環境氣氛，消除其孤立的內心。

2

自命不凡的業務員

引入

王剛是位具有十年工作經歷的業務員，個性固執，工作能力強，風評也高。但令人困擾的是他的過份積極往往有獨斷獨行的作風。

特立獨行難免有時會造成疏忽與紕漏，帶來的後果有損團隊精神，部門內與他共事的同件頗有微詞。

如果既要他能發揮其能力，又要他遵守部門內行動規範，要採取什麼樣的行動？

針對這類業務員，營業主管應如何指導呢？

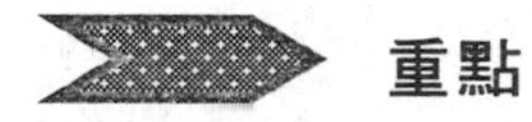

重點

往往愈有能力、愈有個性的人，較容易被視爲特立獨行的人，這樣的情況，只有尋求如何使個人的行動與團體之間互相調和就行了。

營業主管應指導項目

營業主管可制定具體明確的基本規範，在基本規範內，讓他自由發揮。

・制訂具體明確的基本規範

雖說其積極的業績令人肯定，但偶爾弄出紕漏，確實也令大家困惑。因此在不損傷王剛的幹勁和積極行動力的前提下，主管必須制訂一套讓部屬至少要遵守的基本規範才行。

例如：「出差時，要向主管請示彙報一下」，或者「與重要客戶交易時，必須由主管裁決」等指示，同時，必須謹記這套基本規範不可是抽象的精神法則，它應該具備有日常生活規律的判斷基準尺度。但基準尺度都必須具體明確化。不然會失去指導方針，使部屬不滿。

・在基本規範內，讓他自由發揮

對一個有強烈行動力，又特立獨行的人而言，過度的干預反而會損害他個人素有的專長，甚至壓抑他成長的芽苗；如果主管能欣賞他的優點，不妨排開部門內的一切批評，讓他自由發揮一番，即使冒犯了內部的團體精神，其他同事也會不得不肯定他，這種做法也不失爲一種對策。但關鍵是，要以能否真的能提高業績爲前提。

‧規定程序

規範以「報告、聯絡、商討」爲程序，讓那些特立獨行的部屬不論身在何處，都能隨時與主管聯絡。不必老是怪「他不聽我的指示，只一味任性而爲」，如何去掌握他，才是主管必須研究的重要課題。

3

愛反抗的業務員

引入

小陳雖然其立場是輔佐主管的組長身份，可最近他的行動傾向愈來愈惡化，經常背地抱怨對上司的不滿，而且還顯出露骨的反感態度，甚至還會出現有意的違反命令與抗爭行動。

雖然，主管對小陳的這種狀況再三的警戒與告示後，似乎有短暫的改善，但不久又會再現原形。為了鞏固主管的尊嚴，不得不想辦法來對應。

小陳為什麼會有這樣的行動發生呢？該如何來對應才好？

重點

小陳所表現出來的反抗程度，已經相當的嚴重。既然問題發生了，就必須面對。首先要檢討雙方引起不愉快的原因，然而設身處地地站在對方的立場上看問題。

營業主管應指導項目

營業主管應先瞭解部屬反抗的原因，才能對症下藥，具體改善，提升績效。

・探討反抗的原因

首先要聆聽對方的意見或要求，切記要忍耐，傾聽才行。接著冷靜的表明自己的立場與期待，爭取對方的理解。如果在多次懇談之後，小陳的態度反而更強硬的話，那就得好好的深入探討。他爲什麼會這樣，這顯然已經不是投緣不投緣的問題了，一定有更根本的原因潛藏所致。或許其中有很複雜的要素，抗爭者本身也弄不清。但無論如何不可感情用事，找出「因」，才能得到「果」。

・明確態度

部屬對上司多少有些不滿與抱怨，是常見的，表示不滿的方式因人而異，現在像小陳這樣，其惡劣的程度並非偶然突發，而是累積了很久的埋怨，如果上司以短暫性的奉承對方的技巧，是不能解決這樣的事態的。

問題是，最嚴重的莫過於這些怨恨，是由過去日積月累而來的。或者是雙方都是因爲感情用事才變成如此的。如果發現部下是純粹的感情用事時，不妨明示絕不認同的態度，對合乎情理的，主管也要坦承自己需要改進的缺點。若要以感情用事的支配方法，是絕對不容許的。

・實在無法解決時，請求上司協助

對一個部門營運來講，如果擔任輔佐角色的基層組長，與主管有所謂的抗爭，勢必無法順利的完成每日的業務。若想恢復部門內的正常營運，只有改善關係。

在上述盡力而爲的改善關係失敗後，不妨請上司予以協助。雖然在透露本部門的缺失時，不免在心理上有些阻力，但躊躇不前的結果，往往只會使情形更加惡化。因此第一種方法請上司約見小陳，透過上司來轉告本主管的想法。但要注意，提供上司的情報與想法，必須非常詳盡才行，而且不可以只爲自己辯護，搞不好可能會被上司判爲缺乏領導力，甚至「還是你不對」等不利於自己的指責。第二種方法是請求上司調派小陳到其他部門。可以用「在我的部門裏，無法讓他發揮充分實力，不妨考慮還有那個部門，較適合他施展長才，貢獻能力」等方式來處理。但無論如何，千萬不要強迫小陳辭職，因爲這容易引發「更麻煩」的爭執，所以儘量幫他在公司內找適合他發揮實力的部門。反之，若評估他的態度對本部門或公司都有嚴重的負面影響時，就要當機立斷地暗示他，以自動辭職的方式，使問題得到圓滿解決。

4

抗拒報告的業務員

引入

小張是一位業務員：他看起來像業務員，做起事來也像業務員。他積極、努力、能言善辯，他有效率、有創造力。他更得到同事們的尊敬。營業主管也無法找到一個比他還要隨和、合作的業務員。但是，他的報告卻寫得一團糟，而且總是遲交。他所寫的甚至不值得一看。

小張說：我不喜歡寫報告，我是一個業務員，不是作業務報告的。

身為營業主管，要讓公司寫報告的規章制度得以貫徹實施，又不影響小張的情緒，該採取什麼措施？

重點

業務員爲什麼不願意寫報告？究竟是在抗拒你、制度，還是他自己呢？因此，營業主管最初一定要判斷正確，因爲每一位抗拒報告的現象都牽涉到截然不同的問題：

他在抗拒你。因爲他是業績最高的業務員，他可能認爲，他應該可以自由行事。「報告」象徵你的控制，他不敢向你直接挑戰，所以他抗拒繳交報告，來否定你的存在。他認爲，這是抵制你的最好方法。

他可能在對抗制度。他可能認爲，報告太多了，他必須繳交許多不必要的報告。這些報告，如果用心準備，可能浪費很多時間。

他可能在對抗他自己。你要求他寫的一些報告，事實上是讓他監督自己。例如訪問報告。但是，只要他有效率，爲什麼必須監督自己？

最重要的是，他並不相信，報告對他有任何好處。

營業主管應指導項目

分析了業務員的對抗原因後，營業主管應從以下幾個方面採取相應措施。

·對業務員發出最後通牒

最後通牒可能有些效果，但是業務員也可能接下戰書，向你挑戰。這場戰爭可能雙方都受到傷害。他的生產力和你的自尊心都是賭注。你要讓他知道，你的最後通牒只是虛張聲勢，只要讓他遵守公司的規章制度罷了。你不願最終處罰一位業績最好的部屬。

·尋找原因——診斷和治療

這項行動最花時間，而且可能需要一些自我評價。然而，卻可能獲得最高的報酬。如果業務員不交報告是爲了抗拒你，你必須找出他的委曲加以解決。如果他是爲了對抗制度，你必須修改制度，至少須使制度較易接受。如果他在對抗自己，你可藉此機會，協助他克服困難害怕塡寫報告的難題，從而協調你和他之間的關係。

‧ 修改規章

有時候，這項策略非常有效，資深業務員和業績良好的業務員應可享有一些口頭報告的特權。對負責任的業務員可以放寬控制，而且可能相當值得。但是你必須前後一致，讓其他業務員瞭解，為什麼有此例外，如果他們的業績良好、肯負責任，他們也有相當的機會獲得放寬管制的特權。不過，你必須注意，絕不能因修改規章，而使得你必須擁有的數據匱乏。

5

成為單位包袱的業務員

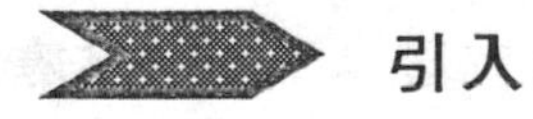

引入

趙先生是服務已有 20 多年的老業務員了，可是做什麼事都是馬馬虎虎得過且過，絲毫看不出他有求上進的意願，雖然主管也曾經再三地警告過，但依然故我，沒有任何反應。觀看他的勤務動作，便會令人有缺乏效率的感覺，和他同期的夥伴中，已有人晉升到主管的階層了。面對這種令人苦惱的現象，可是又不能置之不理，他目前顯然地已經成為週圍的年輕人所輕視、冷落的對象了。如果你是營業主管，面對這個非常棘手的包袱，又該採取什麼行動最為妥當而有效？

重點

別小看這種不思上進的老業務員，站在他個人的立場來看，其不思上進的理由卻很充分，比如，「不管別人怎麼看，我自己一向很努力的或者我並沒有什麼要求，只要讓我平平穩穩的過日子就好」。

營業主管應指導項目

「不思上進，一無所長」的人物，顯然是令營業主管傷透腦筋的對象，同時對已過之年的部屬不能及時提出對策，這個包袱肯定會越背越重。相因應的情況，也許營業主管有很多種解決的辦法，比如，想辦法讓他辭職或轉調到別的部門或者給他最後一次機會，再嚴格的訓練他，如果真的不成器，只好讓他自生自滅等等，到底那一種辦法最好呢？

經過一番徹頭徹尾的思考之後，營業主管拿出了三點處理問題的辦法：

①與部屬們商量，看看其他部屬有什麼建議和看法。

依往日的情況來看，趙先生已被同事冷落和輕視了。不難想像同事們口裏的他，其形象必定是醜陋不堪，但是到底糟糕到什麼地步，主管也並不詳細瞭解，這時主管並不要逼迫他辭職或調往其他單位，而是把他保留在自己單位內，以促進對方有所改善的原則，從單位內其他部屬口中瞭解他們對趙先生的看法及評價。

根據其他部屬的看法和評價，綜合能將趙先生還保留在本單位內的立場，看看問題還有沒有改善的一線希望，然後再來決定。

②讓他做可以勝任的工作，激發他的信心和成就感。

每個人都有自信心和成就感，問題是你有沒有給他提供相應的條件讓他發揮出來，如果營業主管貿然或武斷地決定「他沒用了」，而放棄他置之不理的話，那就有可能鑄成大錯了。

首先可不慌不忙地先讓他做些他足以勝任的工作，提供給他一些較符合其水準的業務，營業主管不要想到採取這樣誠意的措施後，太過於期待這類部屬，會有立即良好的回應，或許從主管來看其程度很低，也很難令人滿意。但是，讓他去努力是解決這類問題最好的辦法。

人非草木，相反地，當營業主管以莫大的能耐來開導部屬，或許會收到這樣的回應，如「一直讓我做這些事，真沒意思。」或「能否多給我些其他的工作」等反應。它就表明一個問題，表示該部屬有救了！趁著他此時興致昂揚孩子氣般時，給他一些挑戰性的工作，會有助於提升其業務水準。

對待工作的態度是可以改變的，問題是方法對不對口，有沒有技巧性。如果這樣的情形維持一定時間後，若趙先生的確是扶不起來的「阿斗」，一直是處於低劣狀態的庸才，最後註定走上被淘汰的不歸路，他也無話可說。

③本人何去何從，有何打算。

當然單位內最好還是沒有這類包袱存在，如果存在，那也是沒有辦法可逃避的，若是突然催其對方辭職，不採取一些改善的措施，也是有點不近人情。

營業主管所做的是，先問趙先生自己今後的打算爲何，然後坦然地告訴對方：「按照目前的情況，你在本單位的地位幾乎喪失殆盡，你將沒有前途。」聽聽趙先生如何自己說。所以主管不僅要爲對方著想，還必須得探悉他對自己的看法，或對自己本身將來展望爲何，加以妥善的權衡。如果問他也得不到反應的話，似乎也不得不放棄他了。

針對一個四十多歲的人，並不是三言兩語就能打動扭轉其態度的。在單位內，不光是個人的負擔，也是整個單位的包袱，不僅在對應的決策上十分令人傷神，如果個人不振作起來，會使前途一片暗淡，除了給予其警告勸戒外，還要給予精神上的鼓勵來刺激他的人生觀，使他恍然大悟迷途知返。

深加思索，進一步努力，無論如何要想辦法去解救他，這也是營業主管應盡的職責。

6

單位內競爭激烈的業務員

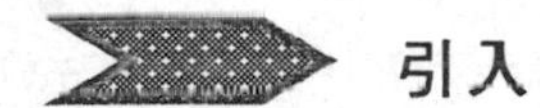

引入

常言說，「眾星捧月」有人協作你好做事，一個好漢三個幫嘛！主管自然高興，可是不一定三個優秀的「幫手」之間都是非常愉快。

就拿小王和小張來說吧，他們兩人都很優秀，也是營業主管不可或缺的左右手，工作上都能獨當一面所向披靡，可是小王和小張兩人經常鬧彆扭，什麼事都想和對方競爭，甚至到了敵視對方的地步。

由於這種對立的競爭，目前單位內完全分成兩派，其他部屬之間也互相形成了競爭對立。雖然這種強烈的競爭環境，促進了業務的大力發展，但這種劍拔弩張的情況如果一直持續下去，只會使單位內的氣氛更加惡化。

作為部門的主管，一方面想提升業績，另一方面又想調和二人之間的關係，畢竟是不能袖手旁觀的，可是要想出什麼樣的對策來解決這種情形呢？

重點

在解決這個問題之前，也許部屬和主管的理由都很充分。比如部屬想，到底誰是贏家，讓我們徹底競爭看看吧！或者是主管沒有管理能力，才會演變成今天這樣等等；主管會想，爲了提高業績，難免會發生些摩擦，有競爭才會有進步，或者單位內和平相處最重要，還是把其中一個調走吧！等等。

營業主管應指導項目

恰當的競爭意識，有提高績效的妙用。可是，如果有互相交惡的情形發生，不去妥當地解決，則難免導致嚴重的後果發生。

有豐富管理經驗的高層主管提供了三套解決問題的方案：

①剖析造成不正當競爭的原因，從源頭抓起。

首先，營業主管要自我反省，這些緊張是否因我而起。一般來說，造成今天這種狀況的原因，與其說是小王和小張兩人之間的個人問題，不如說，是主管經營管理的能力有問題或方法不當所致。

當然，競爭有助於提高業績，這話沒錯。可是，競爭意識太過強烈，由此形成相互敵視的氣氛，已經由單純的競爭，轉變成一決勝負的競爭，畢竟不是好事。

形成這種敵視競爭是由多種原因造成的，可能是由主管上司的管理方法不當或者部屬個性嗜好不同所形成的。比如說，營業主管是不是平常對業績的評定太過於苛求，以致於壓迫二位陷入互相激烈的競爭狀況，或是單位內營運的結構或績效評估體制有什麼問題，才直接影響的。也有可能小王和小張兩人本身只注重自己份內的業績，而無法去兼顧全部門的觀點，才會釀成如今的情況，或是自己的顧客被對方搶走……等原因，而形成互相敵視、糾紛的結果也有可能。

往往越是優秀的業務員，其個性特徵越鮮明，也有可能是小王和小張自我的感情問題所造成的。例如，話不投機、性格不和，嗜好不同、對待事業的觀念不同差異過人等等。

雖然部屬的互相競爭，促進了業績順利提高。可是敵視的競爭環境，對一個部門來說，並無利益可言，在這個人前提下，不管是主管的原因還是部屬的原因都是局部的，如果營業主管單憑調解的技巧，想從互相競爭中來求得業績的提升，這種念頭未免太過於一相情願。

治根須先治本。營業主管首先審視自身狀況的前提下，要讓部屬瞭解組織內的規章制度和協同作戰的精神。

②引導部屬樹立真正的競爭意識。

協同作戰是與和諧相處是有區別的。協同作戰是大家相互配合完成工作，一致對外；而和諧相處是個人與個人局部之間的關係。所以說，因業務員的個性和嗜好不同，只是互相能容忍弱點，互相包容妥協，業績一樣也可以提升。君不見，營運順利的部門，卻不一定都是部屬互相和睦相處的。但是，總體來說，對於一個單位的營運而言，和諧的氣氛自然比敵視的環境好。

競爭是什麼？有些人認爲是彼此之間扯扯後腿，背後使點小把戲，或使出陰招損招等等，這不是競爭，也不是競爭的方式，這只是單純的拼鬥意識罷了。

真正競爭，是互相都能生存，都能更上進，共同依據共存共榮的理念，彼此切磋技藝。也就是說，你中有我，我中有你，同進同退，競爭中有合作，合作中有競爭。所以在敵視競爭狀態下，沒有合作的競爭縱使一定時限內提升了業績，也不能持久。在這種情況下，單位的主管當然不能袖手旁觀，必須教導部屬，什麼是真正的競爭？競爭的實質意義何在？樹立真正的競爭觀念才是首要的。

真正有效的競爭意識，是互相的公平競爭。能肯定對方的優點，容忍對方的不足之處，然後取長補短相互合作，唯有如此，才能一面保持和諧的環境，另一面自己又得到提升，從而也形成了最理想的營運形態，從而也才能達到競爭的真正目的。

當然，營業主管還必須讓部屬瞭解到，自己的最終目的並不在於判定孰勝孰敗，而是強調希望雙方都有進步，「如果在小小的部門內，爭來爭去有什麼用？應該提高本單位的業績，讓公司上下來肯定我們，才是本單位最終的目的」。這也是部門主管和全公司的希望所在。

對業績的考核，人事的晉升等重大而敏感的問題上，不妨讓部屬共同參與，坦白的告知其個人評價爲何，通過公正的接觸，消除彼此之間的隔閡，也是可行的方案。

③顧大局，全單位的業績最重要。

通常，優秀助手的對立競爭，往往會不知不覺的把部屬都帶入這個紛爭之中，而這種火爆一觸即發的氣氛，自然無法有效的進行全單位的營運，即使表面上有高水準的業績，也不會維持太久。

此時，營業主管就要首先自己省視檢討，有沒有無意中造成他們互相敵視的措施，比如「小王的策劃能力比你強多了」、或「小張那麼努力，而你看看自己呢？」等無心的言行。別小看這種言行，它的危害性不可低估。

立場不同，觀念有分歧，這是造成對立的罪惡禍首。對立是部屬之間只站在自我本位的立場所致，居中調解也許可以化干戈為玉帛。

如果營業主管讓優秀的部屬在競爭的意識下工作，亦常常拿別的課室來與本單位作比較，假設二人的實力旗鼓相當的話，就必然會形成競爭，部屬之間本不應該有敵視行為。

營業主管要與部屬之間必須保持縝密的聯絡，只有加強溝通，才能順利的推動業務及整個部門朝良性方面發展。

7

生活邋遢的業務員

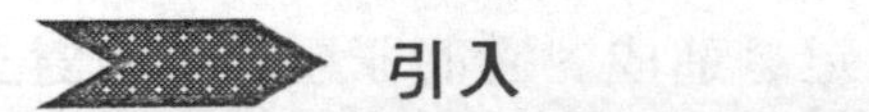

引入

行為吊兒郎當，生活沒有規律，幾乎天天都遲到，甚至和客戶約會的時間也不遵守。這種不好的生活習慣已經影響到了工作中來。

可是，小李已是服務多年的老業務員了，在行動力或實踐力方面，都大有可為，同時也被認為是很有潛力的人物。

營業主管雖然多次告戒其注意影響，可是諸如工作報告日誌或聯絡事宜，仍然無法如期完成。本來公司內部有意提拔他到領導層進行管理工作，可是在這種狀態下，邋遢的生活會影響單位內的紀律。

想提拔重用他，看來非要改變他的生活規律不可了。該如何改變呢？營業主管是要費點心思的。

重點

小李卻認爲主管的要求太高，我也有自己特有的生活規律啊！其實我也在努力改善，可是這些規則，真的把人束縛得快窒息了，能否對我寬容些呢？

營業主管應指導項目

小李的觀點只是單方面的，即使你有些才華，可是不規律的生活習慣會影響到團隊工作的績效，如果營業主管置之不理，不僅對其本人或對部門都會形成負面的影響。

①塑造不得不遵守紀律的局面，潛移默化。

單位是一個團體，既然是一個團體，就要有紀律的相關約束。爲了改善屢屢不遵守紀律的局面，對那些習慣性違規的人，必須在每次的發生當場，予以嚴格的警告，這才是營業主管的最基本態度和職責。

可操作的例子很多，比如當部屬違規時，營業主管可讓這名部屬當著其他部屬的面解釋，爲什麼造成了這樣的狀況，或是當他在規定的時間內不能提出報告時就叫他當面寫給主管，使他沒有逃避的機會，對規定的聯絡或報告，限制他即使出差，也要遵守依照定期和主管聯絡……等具體的生活指導；同時，想辦法設立一個如果不和主管商討，就無法進行工作的狀態，迫使他不得不按規矩程序來辦事等硬性措施。

讓他擔任新進人員的輔導，讓他不得不以身作則，也不失爲一種策略。通過對別人的輔導，有可能會改正自身過去的行爲模式，對矯正生活散漫不規矩等行爲會得到潛以默化。

②紀律與考核捆綁，「是要江山還是要美人」。

違規的業務員，多半其業績都很優秀，這就是恃才傲物的惡習，「我的業績這麼高，紀律只是一種陳設和形式而已」。即使沒有訴諸語言，其潛意識會具有這種想法。業績就是硬道理。也有些公司的管理者認爲，只要達成好的業績，就不必過份追究細節，做到好實績，就是真本領。至於那些芝麻黃豆大的小事，就認爲沒有什麼大不了的。

但是，一個無法遵守紀律的人，必定對工作也有壞影響，因之而放任他的忽略紀律的觀念，勢必會導致不合理的現象發生。

要想樹成材，必須先修木。對業務員個人來說，年輕時即使個人能力有些問題，但如果能認真守紀，其往後發展的機率就比較高，小樹也能長成參大的古木。一些知名公司其人事考核的項目中，必定設有「遵守紀律」的考核，有些公司甚至重視紀律勝過能力業績。特別是階層較低者，多以是否遵守規範，爲考核的首要項目，隨著階層升高，其業績評價之比率才逐漸提高，這也是一般企業的考核方式。

是要江山還是要美人。營業主管必須要讓屢屢違規的部屬知道「遵守紀律和工作業績的評量標準，是同等份量」。部屬在權衡利弊之後，自然會從自身改善的。

③生活上進行指導，使其改善壞習慣

想糾正壞習慣，是要付出很大耐心的，對於工作多年的部屬，還這麼糟糕，營業主管是要先審視一番自己了，這麼多年的工作是如何去做的。當年是否有爲了他的工作能力強，而忽視其日常生活應有的規範。

在檢討自己的同時，營業主管還必須先掌握部屬形成不良習慣的原因，是因爲玩得太過份，或是因爲太專注工作，以致於被認爲是不遵守紀律或邋遢的樣子，甚至是不是因爲健康上的原因，而造成無法維持正常的生活方式。當然，企業界不比學校，爲了一個小小問題而一查到底，徹底追究，但「爲了糾正你的壞習慣，我們大家願意這麼做」的態度是要表明的。這樣的態度是表明營業主管向部屬強調，一定要改正不良習慣的立場，同時也說明了爲了改正你的壞習慣，我們大家共同努力。

8

只考慮「負面理由」不能做的業務員

引入

C 君是一位資深業務員，可近來卻大發牢騷，並且對上司也不例外。他說:「主管到底在幹什麼！這種產品根本沒有競爭力，為什麼要推銷呢？」「主管真是亂來！三個禮拜以前，他重新安排所有的銷售路線，老客戶都排給了別人，我真是不瞭解他。我的訪問地區已經有十年沒有改變；我甚至可以蒙著眼睛進行訪問，而且大多數客戶都是我的私人朋友。但是，最讓我傷心的是以前我所負責全公司中最大的客戶，現在，卻被總公司派來的業務員搶走了。」B 君被公司調到另一個營業單位，負責銷售事務機器，可是內心卻是滿腹牢騷，總認為「這種產品根本賣不出去呀！」「為什麼要派我來做這個苦差事呢？」

牢騷滿腹，從個人立場出發，只考慮「負面影響」、或「不能做」，並沒有理解公司的真正意圖，甚至根本不從公司的角度出發。

面對這類業務員，身為營業主管要化解業務員的錯誤心態，你該採取什麼措施？

重點

在大多數公司可以看到這種現象，每當業務部門制訂下期銷售目標與開發新客戶時，齊聚一堂的業務員往往會抱怨這又是多麼困難的事啊！

「去年與今年市場情況大有不同，今年還能那樣開發新客戶嗎？上層是在想些什麼？真希望他們能更瞭解現場的實態！」

「不增加人手，光要開發新客戶，真沒道理。我們大家都忙得很！」

「比起開發新客戶來增加銷售額，不如針對現有的顧客推銷些來得輕鬆。第一，開發新客戶是一件苦差事，而薪水也不見提升……」。

表 6-8-1　無法開發新客戶的理由

尚未交易的顧客之名冊	交易關係不明
未掌握銷售狀況	與現有顧客關係不明
不認識經營者	不明交易條件
不知信用狀況	不知過去的企劃

營業主管應指導項目

面對這種理由，可以確認業務員不能為公司的目標共同努力，如果不加以解決的話，公司的下期新客戶開發方針無疑地將會失敗。那麼該怎麼辦呢？

從表 6-8-1 的資料中，可以看出無法開發新客戶的理由是不少，相反地，若想開發新客戶的方法也有許多。見表 6-8-2 所示即可得知。

表 6-8-2　新客戶開發的方法

製作未交易顧客之名冊	調查交易關係
把握銷售狀況	調查與現有顧客之關係
調查交易商品	把握交易條件
收集經營者資訊	把握過去之企劃狀況
實施信用調查	

公司的決策下達後，業務人員實施時首先由反面想法出發，再抽出不能之理由、困難之所在、失敗的原因，然而再思考如何將反面想法轉為正面想法，以導出對策為出發點，如此一來，即可輕易的洗練出最優秀的方法，這與隨便想想的思維方法是截然不同的。

9

不按計劃行動的業務員

引入

B 君可謂是積極、努力、能言善道，他有效率、有競爭性和創造力。他更得到同事的尊敬。營業主管也無法找出一個比他還要隨和、合作的業務員。但是，缺點是「太隨和了，甚至拜訪客戶也是隨興致去拜訪……」，根本也不按計劃行事。

單位已制訂了計畫，可部屬就是不按計劃行事，身為營業主管，你該怎樣指導這類部屬？

重點

沒有目標，盲目行動，不知身處何地，夢在何方。觀察盲目行動的業務員，容易造成其工作錯失的例子是很多。活動無規律，目標無定向，根本不做日、週、月的訪問計畫，或是聽到主管的嚴厲批示，才萬般無奈地做計畫表，而最後的結果是，實際上並沒有按照計畫去進行。這種類型的業務員是每家公司多少都存在的現象。

埋頭苦幹，只顧拼命奮鬥，固然是令人可喜可敬，但是與設定目標而挑戰的人，其取得的績效必然會有差距，這是不可

否認的事實。

同樣工作一天，在同等條件下，心中有無「訪問件數目標」、「承購目標」、「拜訪目標」、「拜訪次數目標」、及「重點商品銷售」等，其業績自然就差別很多。

有目標的業務員會想到「今天的訪問件數雖已達到預定目標，可是承購目標尚未達成，還需多訪問幾家才行……」。

而無目標的業務員會想「今天的訪問件數也差不多了，也到該收工歇息的時間了……」。這個「差不多」是個模糊的概念，並沒有具體的尺規，將會影響到業務員的往上爬升。

但是，即使主管親自擬定計劃表，而業務員若不照著做又有何意義呢？

營業主管應指導項目

沒有計劃，就是盲目。盲目行動，也無法向高目標挑戰。

訂立「目標」很簡單，但要有「目標意識」去進行才重要。所以營業主管在擬定目標時必須讓部屬有「目標意識」的觀念。

計畫表就是目標。設定日、週、月爲單位的計畫表是缺一不可的，它是行動的指南，即：

①制訂這個月的營業額、毛利益（率）、回收（率）、重點商品銷售、訪問件數（主力客戶訪問）目標、月間訪問總次數，及本月銷售策略等。

②制訂本週重點進行目標。

③制訂今日訪問件數、承購目標、重點商品銷售。

④制訂今日「上午」、「下午」、「晚間」的進行計畫。

爲要改善行動向高目標挑戰，是不能缺少計畫的。因此，目標設立後，營業主管還要檢核部屬是否按計劃進行。這種落實，就能加強業務員的目標意識。

10

找藉口推卸責任的業務員

引入

業務員A君說：「很抱歉，我的訪問報告總是遲交。但是，我最近非常努力工作，沒有時間填寫這些報告。」業務員B君說：「產品沒有廣告，客戶不要」「公司應該加強廣告，而不是要求我們多推銷……」

面對著找各種藉口推卸責任的部屬，身為單位主管你將怎樣指導部屬，杜絕這類的不良習慣？

重點

以「本公司的產品不好」、「價格太高」,「促銷費太少」,「宣傳不得力」「無銷售戰略」等作爲賣不出去的藉口來推卸責任。總之，商品賣不出去的責任，根本是「不是自己不對，而是銷售條件太差」。

就這樣，業務員每逢問題（失誤、困擾、失敗等）發生時，就很會辯解，亦即他們很擅長將自己的所作所爲正常化。

營業主管應指導項目

如此抱不滿情緒的業務員大有人在，可是愈表不滿者，更顯得其實力不夠。忘了和顧客約定時，他們反而會抱怨：「因缺貨無法交貨，訂單才會流到別家公司手上」；弄錯對方的要求，會導致交易中斷；一旦發生失誤或疏忽，其結果會立即反映在自己的業績上。所以，業務員是絲毫大意不得的。

對此，營業主管要指導業務員檢討交易失敗的真正原因，然後根據這些原因採取相應的策略。

營業主管若只是空談「本公司是有缺點，但要你本身盡力去做好才對。」顯然是缺乏說服力的。

指導業務員檢討交易失敗的真正原因，製作成表，如表6-10 所示。然後根據表內的各項阻礙提高業績的因素，加以相應實施對策，與業務員共同去解決。

同時也要適當地告訴業務員，如果公司宣傳比其他公司強，價格也便宜，商品品質高，根本不需要業務員。因爲只有在條件和其他公司相同或稍差的情況下，業務員才有存在的價值。

表 6-10　分析阻礙提高業績的因素

	問題點	原因	對策（各階段的任務）		
			營業員	上司	公司
價格	營業員				
	上司				
	公司				
商品	本人				
	上司				
	公司				
促銷	本人				
	上司				
	公司				
服務					
營業					
技術					

11

在外兼職的業務員

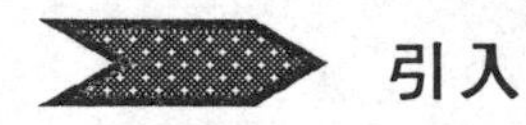

引入

小王平常工作很認真，即使是公司規定加班的工作，也能順利完成，對公司裏的工作更是積極的協助，沒有任何的障礙。

可是自從實行週休二日制後，隨著休閒時間增多，小王開始利用這些時間在外兼職，可能因為嫉妒的關係吧，其他同事卻開始對他紛紛批評和指責。

身為營業主管，一方面不想使問題鬧大，一方面又要顧慮本部門的團隊精神，接下來該採取什麼措施呢？

重點

部屬反應「我又不影響公司的業務，利用自己的能力做事，有何不可呢？」、「我只是活用休閒時間罷了！」如果自己的部屬有這樣的工作觀念，有這種熱衷副業賺錢者出現，身爲主管可能會感到不知所措。雖說是他們利用空閒時間差兼職，但他們對自己的本行，應該有專心一致的精神與敬業的義務。

營業主管應指導項目

但是，以主管的立場，不應反對或鼓勵部屬兼職，但卻有必要去理解部屬的兼職目的爲何。是爲享樂而賺錢呢？還是爲了解除住房分期付款壓力而籌錢。

像小王那樣，不僅能服從加班，而且對部門內業務也非常積極的配合協助，尤其是份內工作更能如期完成，顯然更找不出反對他兼職的理由。因此，主管雖然不能過份干預部屬兼職，但可以留意其業務的進行，是否全力以赴，而且檢核工作水準是不是有所提升。同時還要想到，有些部門的人於下班後，還得將未完成的工作帶回家裏做完，再看自己的部屬有充裕的時間兼職，是不是在其工作內容與業務量的調配上有些問題，檢討一下是不是給予部屬的工作太過簡單輕鬆，所以部屬才能有充沛的體力與精力，去外面兼職。

主管在基本立場上要站穩，不希望部屬去兼職，可以私下去與部屬溝通，表明自己的立場。

對那些嫉妒別人兼職賺錢的部屬，必須清楚的表示「我當主管並不認同他們兼職，基本上必須以完成份內工作爲原則，因此對業務之外的問題，也沒有理由干涉」，這自然不是在鼓勵那些有怨言的部屬也去兼職，而是表明自己的態度。身爲業務員，主管不鼓勵部屬去兼職，若部屬要兼職賺錢，必須確保本份工作能圓滿達成，一旦本份工作績效不理想，主管自然會對「部屬的兼職賺錢」的實施干涉手段。

12

欠缺商品知識的業務員

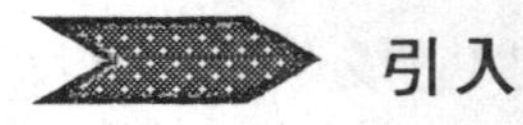

引入

D 君是一位年輕的業務員，他勤奮上進，也能積極開展客戶，可當客戶想要比較一下不同品牌產品的差別在那裏時，D 君卻是一時難以回答上來，有時當客戶追問很緊的時候，D 君只好以「產品說明書已經介紹很清楚了」「公司教的不仔細！」

等理由以蒙混過關，可想而知，與客戶接觸的結果理想與否，也是意料中的事。

這就是典型的欠缺商品知識的業務員。光有積極、勤奮上進的工作態度是不夠，更要有豐富的商品知識才行。面對這類缺乏商品知識的業務員，身為營業主管如何進行指導？

重點

隨著社會的進步加快，商業的氣息味道也越來起濃，當我們爲顧客提供商品時，從事業務的人員必須對商品具有相當的認識。一般而言，商品知識包括在：商品名稱、種類、價格、特徵、原產地、廠商名、牌了名　製造技術、素材、設計、顏色、花色、尺寸、使用方法、保養方法、保存方法，流行等等。另外，其商品的市場性及行情、流通路徑，與類似品及競爭商品之間的比較，關係法規等等的關連知識都涵蓋在內。這些都是推銷業務員本身必須瞭解的重要知識。

常常有這樣一些場景：當你去百貨公司買一些電器產品時，總有幾種不同品牌的同類產品，價格也不一樣，對一個還沒有決定買那一種產品的消費者而言，想要比較一些不同品牌的差別在那裏，應該是最基本的要求，但是您幾乎不必驚訝，幾乎有半數的店員不能明確地回答您的問題，甚至有些店員對產品的使用方法完全不知道。

營業主管應指導項目

爲什麼會造成這種現象呢？問大多數銷售員，都是以「太忙了！」、「公司教的不仔細」等等來回答你，但是對於一個業務人員而言，這些都不能成爲理由，均可說是失職。因爲你的工作是透過你的商品知識給客戶利益，協助客戶解決問題。如果你連起碼的商品的基本知識都不清楚，那麼你怎麼能促成客戶購買或完成商品交易呢？因此，瞭解商品知識是必要的。一般而言，可以從五個方面去瞭解與學習。

‧商品的硬體部分

指商品的性能、品質、材質、特長、製造方法、重要零件、附屬品，規格、改良點及擁有的專利……等。

‧商品的軟體部分

商品的軟體是指設計的風格，色彩、流行性、方便性、前衛性……等。

‧商品的使用知識

商品的使用方法如用途、操作方法、安全設計、使用時的注意點及提供的服務體制。

‧商品的交易條件

價格方式、價格條件、付款日期、交易條件、物流狀況、保證年限、維修條件、購買程序……等。

‧商品的週邊知識

與競爭產品比較，市場的行情變動狀況，市場的交易習慣、

客戶的利益點、法律、法令等的規定事項。

那麼獲取有關商品知識從那裏獲得呢？營業主管可教導部屬從下列幾種方式獲取：

- 從商場的前輩那裏學得
- 從專業書籍、專家們那裏學得
- 參觀工廠或從展示會上學得
- 從供應商的推銷員那裏學得
- 從報紙或雜誌上學得
- 自已來使用研究
- 從工廠的商品企劃部獲得資料
- 參考公司期刊或參加公司培訓班

13

只懂商品知識而缺乏交易能力的業務員

引入

L 君的商品知識真的很豐富，包括商品的類型、製造技術、生產流程、包裝、使用說明、注意事項等等如數家珍，可是在與客戶或代理商產品說明會上，任憑你怎樣費盡口舌，就是不能引起對方的注意，也無法完成產品的交易活動。

懂商品知識應該是前提，可為什麼會出現把產品說得透徹到底，就是完成不了交易呢？這證明了雖然具備商品知識卻缺乏達成交易的能力，也不是優秀業務員的道理。

面對這類理論過強的部屬，身為營業主管，你將如何對部屬進行有效的指導？

重點

大多數人都知道，完成一次成功的商品交易，必須具備三個要素：「商品＋商品知識＋業務員」。也就是說，有了暢銷的產品及豐富的商品知識外，促成交易的「人」，也起到至關重要的作用，因爲一切都是靠人去實施完成的。只有業務員具備靈活的銷售技巧和與客戶良好的人際關係，以及彼此深厚的情感信賴配合下，才能創出良好的業績。

比如，在一次邀集代理商的商品說明會上，代理商在聽到工廠派來的技術員的說明時，代理商們沒有表現出太多的激情。這是爲什麼呢？因爲技術員介紹的內容著重在於製造者的技術觀點，除技術觀點之外，再沒有引起消費者或代理商們所感興趣的話題。

這是一個很好的例證，它說明了雖然有高品質的商品和技術員的豐富商品知識，但缺乏引起使用者的興趣和訴求重點缺乏「達成交易的能力」消費者照例還是不買你的帳。缺乏引起使用者興趣的業務員，就不是優秀的業務員。通常會聽到有一些業務員抱怨，新產品週期太快，使他的商品知識往往跟不上。雖然如此，他仍然能維持最高營業額。即使商品和以往的大同小異，並且與競爭者商品也相差無幾，但這位業務員仍能將公司產品順利銷售出去，主要原因在於該業務員具備「達成交易的能力」。

營業主管應指導項目

必須瞭解商品要靠業務員的附加某些價值，才能銷售。這才是營業的基本原則。

同樣的商品，如果由店內優秀的店員來推銷，會感覺品質很棒，換一位笨拙的店員推薦，令人無法信賴。這表示，消費者不是因其商品才購買，而是信賴這個店員（業務員），或是信賴這家店的消費心理。

優秀的業務員總是能輕易地達成目標，這不僅要靠豐富的商品知識和推銷技巧外，還得之於訴求：「這一陣子集中促銷某某商品，特別拜託你幫忙。」「上次真感謝您的惠顧，還覺得滿意嗎？那件衣服洗起來不會褪色吧！」透過這種情緒方面價值的提升，以擴大商品價值，以人情義理爲武器的銷售方式。

當然，這種交情需要平時長久的努力培養，才能產生深厚的信賴關係。

業務員有「商品知識」，又具備「推銷能力」，充滿信心，靠巧妙而自信的說明，讓客戶覺得他所買的商品必能使他滿足，這是前提。因此，具有商品知識和說服能力是兩碼事。這個說服能力，就是業務員附加的某些價值。

14

沒有數據概念的業務員

引入

E 君是一位剛進部門不久的業務員，他遵守紀律，客戶對他的印象也不壞，也能幫助同事，公司內外對他的口碑相當不錯，可這樣一個具有潛力的業務員，業績並不好。對主管交待的任務，他總是說：「我會認真努力去做」、「盡力而為吧！」可是到底能做到什麼程度，他也不知道。

目標意識不清，數據的概念模糊是造成這類問題的根源，身為營業主管，你該如何進行指導？

重點

觀察大多數公司訂定計劃的實例，可以發現到，往往將重點放在銷貨收入、利益、利益率等的預估上，但是卻忽略達到這些目標的方法。這種所制訂的計畫，僅僅是運算元字或者使數字計畫上相互吻合而已。

制訂數據管理，非常簡單，只要「把銷貨收入提高」改成「銷貨收入提高 10%，或者成本降低 5%」就行了，要達成這些目標，則必須有具體的數據。

業務員如果說:「我會認真努力去做」、「會盡力而爲」這種氣勢固然重要，但不清楚到底能做到何種程度。結果造成只有「做多少算多少」的不太可靠的結果。

業務員沒有「數據觀念」，達不到目標，同樣情形，營業主管若也缺乏「數據觀念」，將會使整個團隊績效往下降。如果營業主管說:「加油啊」、「振作」、「不行喔」等的抽象性激勵方式來鼓勵員工，也是無效的，因爲缺乏具體性的指導。

營業主管應指導項目

對數據概念的模糊，和無目標意識本質上沒有什麼區別。

最具體的目標是以數字來表示的。如果以一年或一月爲單位設定目標太長的話，應以每週或日爲單位，因爲比較短的時間具有壓迫感，容易達成目標。

如果對沒有數據概念的業務員促進其目標意識的話，主管應先明確灌輸其成本意識。並極力把目標數字化。

- 每一位公司員工平均需獲多少毛利益（經費加利益）。
- 每日、每小時、每分鐘平均應確保多少利益。
- 有多少庫存商品，所耗費的利息要多少。
- 待收貨款和票據之殘額需付多少利息。
- 商品的運送（運費）成本有多少。
- 平均每一件最低要多少營業額，要多少毛利率才划算。
- 要確實掌握目標的毛利益或毛利益率。平常需要獲得多少毛利益率之下進行商談才行（例如爲了確保百分之二

十的毛利益率，如果未達到百分之二三十的銷售水準，則無法獲得百分之二十的利益率之想法）。

・如何補救既存客戶的流失率，況且還需再增加，則經常應開拓多少新客戶。

・每月應開拓多少客戶數目？

・先決定計劃，每月要拜訪幾個潛在客戶？而且達成交易的比率是多少？

・每月的每週，成交的金額是多少？

對以上項目，主管應以數據計算出來，讓部屬知道，同時認清其重要性，業務員必然會考慮「如何縮短滯留時間」來訪問更多的客戶，同時認識到某些客戶遲早會結束交易關係，就會「積極開拓新客戶」，想方設法達成目標數據的使命。

讓部屬不只知道「應該要如何做」，還要知道「具體方法」、「進行到何種地步，何種績效」，有明確數據作爲引導。

另外，在業績方面，設定有實現可能而具有挑戰性的目標，給業務員以壓力，使其把壓力變成動力，不失爲一種策略。

第七章

如何主持營業會議

1

如何善用日報表管理技巧

引入

寫報告真是一件令人煩惱的事，我只要提高業績或達成目標，還需要寫報告嗎？真是多此一舉。

L 君爲了應對報告，只寫幾件無關緊要的事草草交差，或者報喜不報憂，主管也無法在他的報告中瞭解到真實的市場訊息。如何寫報告，該怎樣寫，身爲營業主管，你該如何對L君進行指導？

營業員S君不願意填寫營業日報表、認爲「出外銷售才是正途，光寫日報表是沒有用的」，營業主管如何糾正業務員這種錯誤的心態呢？

重點

業務員除了創造業績外，也要撰寫報告，報告有兩種，第一種是專案報告，有如上例中的L君報告。另一種是每天的營業日報表，有如上例中的S君所撰寫日報表。

一般來說，報告的量、質會因人而異，甚至有報喜不報憂等花樣百出的報告形態。其中原因多半是由業務員活動內容的多寡及報告技巧能力等等所致。

對一個部門整體的運作而言，不做報告顯然是不妥的。首先是無法提高業務效率的業務員或因業務活動少，認爲無事可報告，心理上也想極力避開與主管的接觸；再者，依主管的立場更需要獲得這類報告，以瞭解部屬的動態真像，如此才能迅速的指導他們。不善於報告的部屬普遍存在下列現象：

①不報告主管所需要的內容。

②對報告不得要領。

③對自己有利的部分才做報告。

④隱瞞真正想說的話，而讓主管去猜測。

⑤不先說結論及原來目的，只做冗長而不重要的經過說明 ，讓急性的主管焦躁不耐煩。

⑥不知如何讓主管瞭解才好（交待不明確的主管也有責任）。

⑦報告的時機不妥或太晚，無法做恰當對策。

⑧無正確的資訊和客觀的情報，而以自己偏見、能力、主觀來報告、缺乏可信性。

⑨以偏蓋全的報告方式（缺乏客觀性）。

⑩部屬本身沒有意識到報告之目的。例如，是爲了讓主管瞭解狀況呢？求裁決呢？還是請明示或指示？或要主管採取行動爲目的等。到底爲何報告，不能明確化。

總體來看，不想報告的業務員，因業務不振或反過來因爲不報告而業務不振的因素較多。

營業主管應指導項目

這時，主管就必須讓這種類型的部屬明白，寫報告要站在團體合作的銷售立場，不能僅憑個人的行爲，它是配合公司展開業務的一種必不可少的戰術。

部屬不做報告，不僅問題出在部屬身上，同時，主管也要意識到，沒有熱忱去聽取或對應策施太慢，或因指示不明確，以致產生各種不當報告或不妥方法等也是原因。從某一角度來看，業務員所提出的情形的確存在。

那麼如何對業務員的報告進行明確化指示呢？應從下列幾個方面考慮：

第一，要求業務員依數據的方式來報告自己的業績和行動。

第二，收集顧客資訊。例如生產狀況、生產計劃、新製品、技術革新、價格、促銷等，因每日變化不大，應讓業務員敏捷

迅速掌握。

第三，收集商品資訊。設計新材料、新製品、新機能、價格特長等，這樣可以方便主管由業務員報告中隨時得到最新信息。包括本公司產品、相關產品及市場動向，還有客戶的需求，都是業務員應該掌握的。

第四，競爭對手的資料。例如人事變動、促銷策略、價格、製品的動態等，都必須仔細觀察後再報告。

第五，訴怨的資料。對實態的程度、原因、證據、反應等都應據實報告。如果業務員不想讓主管知道而自己處理，往往使問題更難處理。報喜也要同時報憂。

再來是介紹「營業日報表」，所謂「日報表」，就是業務員在從事產品交易工作中一天的活動，其利用表格的方式完整的記錄下來。具有完整的「業務日報表」，對業務員而言，可作爲自我管理的工具，把所遭遇之問題，尋求主管的支援；對營業主管來說，可作銷售管理工具之一，對業務目標做銷售效率分析、進行評估與改正。

透過「業務日報表」，公司可獲得下列功能：

①經由銷售日報表，業務部門能夠有效地搜集市場的信息。

②可以有組織地搜集競爭者的情報。

③可以把客戶調查的情報送交業務部門。

④對於主管而言，可以用來作爲業務員活動管理的一部分。

⑤業務員本身可以把自己在商談技術上的問題在業務日報表中提出，主管可以據此作爲指導的依據。

⑥可以對目標達成度進行評估。

⑦ 可以作爲銷售效率分析的資料，也可以作爲銷售統計之用。

⑧ 可以作爲自我管理的工具。

各種類別的業務員不同，所從事的工作性質及行業也就不同，所以所填寫的業務日報表也不相同。但，不管那種類型的日報表，必須具備下列條件才可去填寫有效：

① 爲獲取需要的情報去填寫。

② 必須能客觀地反映市場狀況以及商談的情況。

③ 短時間內有重點地簡單記入。

④ 顧及日後可作爲統計資料或者易於分析，不可草率。

⑤ 使日報表具有規範標準化、表格化。

⑥ 易於與過去的報告相比較。

⑦ 能隨時掌握銷售業務的變化。

⑧ 註明填表時間及相關責任人。

⑨ 可作業務員舉一反三之用。

但需要注意的是，不管那一種類型的日報表，要讓填寫者易於填寫，不需要寫太多的文字。太多的文字，將會失去日報表本身的意義。

◎如何設計自己的拜訪報表

設計拜訪報表的前提是，可根據需要，以適合不同的業務活動，爲適應本身工作運作時要考慮的重要問題，如下：

① 你需要知道銷售區域內的那些資訊，才能有效管理整個運作？

② 你需要交給高層什麼樣的摘要資訊？

③要怎樣才能讓業務員簡單又無痛苦地提供資料？

④要怎樣才易於讓高層主管閱讀並詮釋你送出的資訊？

◎業務計劃日誌

利用報告的方式強迫業務員做適當的事前計劃的方法之一，就是填寫業務計劃日誌，可以週或月爲基本單位。業務計劃日誌就像是日曆，業務員把他每天計劃去做的事寫下來。這個日曆在事前做好後，存在營業主管那裏以備核。比如表 7-1-1 就是典型的月計劃日誌。

表 7-1-1 業務計劃日誌

業務員＿＿＿＿＿＿＿＿＿＿ 區域#＿＿＿＿＿＿

星期＿＿＿＿ 在銷售區域內日數＿＿＿＿ 在公司日數＿＿＿＿

日期	時間	公　司	目　的

◎拜訪細節報表

拜訪細節報表可以提供許多詳細資料，告訴你的部屬每天做些什麼。報告的正確性很容易檢驗，因此也很難揑造。對年輕或無經驗的業務員會有用，因爲經理可評斷他們時間分配的適當性，且給他們一些建議。如果要經驗豐富的專業業務員填寫這種報表可能會遭到反抗。細節拜訪報表的範例見表 7-1-2 所示。

表 7-1-2　拜訪細節報表

日期	客戶	聯絡人	拜訪起始時間	拜訪類別	結果

一星期摘要	拜訪類別
拜訪總數＿＿＿＿＿＿＿＿	A＿＿純拜訪
示範次數＿＿＿＿＿＿＿＿	B＿＿調查
調查次數＿＿＿＿＿＿＿＿	C＿＿示範
提案次數＿＿＿＿＿＿＿＿	D＿＿提案
生意筆數＿＿＿＿＿＿＿＿	E＿＿再拜訪
銷售金額＿＿＿＿＿＿＿＿	F＿＿結案

◎摘要報表

這類報表强調，拜訪次數不是最重要的，而拜訪的品質才是令人重視的。營業主管不需要或不希望看到業務員每個小時的作息，銷售結果就能讓他掌握誰真的在做事。

表 7-1-3　摘要式拜訪週報

	聯絡人	調查	示範	銷售金額
星期一				
星期二				
星期三				
星期四				
星期五				
總計				

因爲這類報表是以摘要的形式表現，因此較容易讀，也較不花時間，趨勢也容易掌握。潛在問題也比較明顯。營業主管經由這類報告，可以看出整個地區的大約情況。這類報告一般都用在部屬是業務老手，且信任他們都在努力工作的人身上。見表 7-1-3 所示。

◎敘述式報表

這類報表通常用在大客戶或費時好幾個月的大交易上很有用，也比較完整。處理大客戶通常是層層向上的過程，內部評估成功與否就是以這類報表作參考。因爲它提供了明確的資訊或是包含檢查清單。見表 7-1-4 所示。

表 7-1-4　敘述式拜訪報表

日期＿＿＿＿＿＿

客戶		
聯絡人	頭銜	
其他		
協商階段（完成者打×）：		
同意調查報告		
提出調查結果		
客戶公司內可能的「辯護者」		
選擇辯護者		
提出解決辯法		
同意解決辯法的益處		
與客戶內部有影響力部門討論解決辦法		
示範系統		
造訪現有裝置		
試用提案		
調整提案		
成本協商		
正式提案		
結案		
計劃都按進度進行？		
評語：		

◎何時該查證拜訪報表

營業主管什麼時候該檢查拜訪報表，查證上面所列的拜訪時間是否都確實照做？一般來說，自己的部屬是在做事，但主管却感覺到該地區的業務活動並不如預期的那樣好，這樣的話，就應要查證拜訪報表。

◎為什麼業務員都不喜歡填報表

討厭的原因是因爲塡那些的報表要花功夫，佔用寶貴的銷售時間，而且有些報告塡起來很複雜。另外，最重要的原因，是因爲那些報告暴露了業務員到底花了多少時間去努力工作。

◎為什麼管理需要根據報表？

準時的報告是公司情報系統的基礎。管理人員如果不清楚第一線的銷售狀況，就無法做許多决定。那些銷售狀況就是第一線業務員的活動情形，主管人員可以從中敏感得知銷售環境的好壞所在。

◎為什麼營業主管需要看業務計劃日誌？

業務計劃日誌可以讓主管有機會審視業務員計劃如何分配時間。如果有人花太多的時間拜訪老客戶，沒有足够時間拜訪潛在的新客戶，則主管有機會在事發之前，建設他改變行程。另外，檢查業務計劃日誌有助於主管决定那天什麼時候要和那位業務員在一起，因此更能善用時間。業務計劃日誌和拜訪報表可交叉使用，看業務員是否在實行他們的計劃。業務員拜訪的客戶的案子裏，是否和那段時間內計劃所取得的訂單數量一致？若不是，則業務員希望如何結掉那些訂單。

◎處理抵觸遲交報表的三種方法

對付這種不遵守規定的業務員的方法之一，就是要他們在該繳拜訪報表的那天下午進辦公室來。還沒寫報表的就叫他們坐在自己的桌前寫，直到寫完。這種方法會耗掉寶貴的銷售時間，業務員也知道，他們也不喜歡這種作法。但既然不遵守規則，就只好用小孩子的方法對待他們。

另一個讓大家趕緊繳報表的方法，就是把準時交報表當成發業績競賽獎金的條件。業績做得好、可以領高額獎金的業務員，絕不會爲懶得填報表而放棄領錢的機會。

第三個方法就是和那些總遲交報告的業務員私下開會。告訴他們，升遷季節時，決定誰可以升遷的因素之一就是看看誰有組織計劃協作的能力。

◎拜訪報表對業務員有什麼好處？

當業務員填寫時，可以提醒業務員去過那裏，見了什麼人，完成什麼事。另外，他們還可以看見自己在那裏成功，在那裏浪費掉寶貴的銷售時間，讓他們知道怎樣加强成功的地方，怎麼消弭失敗。

◎由拜訪報表上的四種線索找出不努力工作者

業務這一行，具有很大的自由性，沒有一家公司負擔得起讓每個業務員每次拜訪客戶時都有一位主管陪伴監督，有些人對這樣沒有直接監督的自由簡直是樂昏了，無法自製。只要一離開主管的視線，他們就無法約束自己去做必要的銷售拜訪。身爲主管該怎麼早一點找出偷懶者，在問題變成災難前加以排除？

仔細閱讀拜訪表及注意屬下的行爲模式，有助於找出問題人物。可從下列四個方面著手：

①報表上每星期都列出相同的拜訪、相同的客戶、相同的潛在客戶。這些拜訪都是假造的，不工作的業務員不想花時間或精力做任何事，甚至不想費力改動拜訪報表。

②報表的拜訪次數中，很少有示範或調查的記錄。多數偷懶者都知道，這些明確的記錄較容易查證。

③找出很少記錄人名或電話的報表。

④找尋平均支出「以下」業務員，逃避的偷懶者不希望冒險申報太高的支出，以免受到檢查。

◎揪出不努力工作者該怎麼辦

一旦找出工作不努力者要怎麼辦？答案很明顯，但並不愉快。應讓不努力工作者辭職，僱用願意整天努力的人。營業主管寧可有一位什麼都不懂的新手，也比用一個假造表現的業務老手好。

◎如何查證拜訪報表內容

如果要查證拜訪報表內容真假，最簡單地辦法就是打電話給報表上的客戶或潛在客戶，落實一下結果與拜訪報表上的內容相比較一下就知道了。但除非主管有强烈的懷疑和查證的必要，否則不應這樣查證。因爲這對主管和客戶雙方來說都是很尷尬的事，客戶可能覺得要對該業務員表現些許忠誠，那麼其查證的結果不一定 100%正確。

◎營業主管如何從報表中發掘「金礦」

當營業主管拿到業務員填寫的表格後，該怎麼閱讀那些報表呢？從報表中有那些金礦可發掘？豐富的礦脉何在？以下幾點是主管應看的事項：

①在報表涵蓋的時間內，業務員做成了多少筆交易，總成交金額是多少？

②該段時間內，做了多少次業務拜訪？即使拜訪失敗，但資料也很重要，因爲每一次失敗就意味著業務員朝成功又邁進了一步。

③拜訪既有客戶和潛在客戶的比率是多少？主管憑這個資料判定，業務群中有人或者只拜訪他們認識的人，無人拜訪潛在客戶。沒有新客戶持續流入，業績不會成長。

④公司的產品是否需要不只一次拜訪才能購定？若是如此，業務員在完成之前需要做幾次調查、示範、提案……等等初步步驟？完成初步步驟的比率是否和其他成功的業務員完成所需時間相當？

⑤檢查業務員所拜訪的聯絡人名和頭銜。業務員找的是否就是有權做決定的人？主管要憑藉這項資料確定業務員是不是在兜圈子——做了多次拜訪都沒有見到決策者。

⑥檢查是否有重復拜訪單一潛在客戶或現有客戶的情形。如果存在這種重復，營業主管可以要求業務員作出解釋。

⑦檢查業務員該段時間內的預估和真正交易。業務員所作的預估正確嗎？熱情很高，但也要以事實爲依據。

⑧和那些成功業務員的拜訪，調查、示範、提案……等次數相比。比率相同嗎？

⑨如果業務員還提供了客戶評語，則要閱讀報告上的評語

部分。這少數幾句敘述式的句子有助於找出不同的問題。因爲多數業務員不會花太多時間來塡寫這些報告，如果他們真的花了力氣寫那幾個句子，肯定是他們覺得問題很嚴重。

2

建立營業部門的會議規範

引入

營業部門經常開會，却是不見績效，「衆人都罵、却是下次依舊如此」，會議次數衆多，會議議程零亂，會議時間漫長無節制，發言隨意脫離主題，會議缺乏跟催。……令營業主管相當傷腦筋。

重點

會議可以將「依性質劃分」爲報導式會議、討論式會議。也可以「依種類劃分」爲經營會議、產銷會議、營業會議、新產品介紹會議……等。

依照性質區分，有下列：

△報導式

只是將某些資訊信息公布、報導給與會人員，通常採用單向式溝通。例如，公司政策公布、公司業務現狀報告、人員配

置概況等。

△討論決策式

主要是針對一項或分項議題共同討論，交換意見，以獲得共同性看法，通常採取雙向式溝通。此又可依照主持人主持會議進行方式分為：

①領導式

會議主持人藉由會議討論，使與會人員接受某種結論或作成某種決策。

②解決問題式

會議主持人藉由與會人員對會議討論而獲致決議。

③意見徵詢式

會議主持人藉由與會人員徵詢提供會議主題，但並不影響決策的執行。

會議是否有成效，不能以次數的多少來判斷，而應看能否以最節省的時間與參加會議者達到解決問題的目的。會議是重要的溝通方式，也是管理工具，從開會的效率可以判斷一個企業經營管理的水準。因此，使會議效率化，是企業經營者所要重視的。

那麼是什麼原因使企業在會議上浪費了許多寶貴的時間與成本呢？一般說來，可歸納成以下幾點：

①主持會議的人事先沒有準備好，諸如發通知、整理提案、發送資料，以及溝通討論案的事情。

②不能準時開會，無法控制會議時間、不能及時開會。

③沒有確認決議。決議不具體，甚至沒有做結論。

④沒有訂定議程及整理會議環境。

⑤參加會議者不能明確把握會議的目的與內容。

⑥主席與會者不熟諳主持會議的技巧。

⑦未做詳實的會議記錄，即使有，也沒有在會後立即送交有關部門。

⑧沒有對决議進行追踪。在下次開會時，也沒有要求報告成果。

⑨不應以開會的方式來解決問題，也用開會的方式來處理。

上述會議上常見的通病，若要克服這些缺點、發揮開會的效率，首先應制作會議計劃，其次講究會議的領導及參與藝術，最後要進行徹底的追踪工作。

有關各種會議必須建立規範，不然會失去會議的真義。各項會議的通知應三天以前發出，固定日期之會議日碰到星期日應順延一天，會議的時間、地點如沒有固定者則由主席事先決定通知，司儀、記錄由主席指派，規定的會議除非有重大事故，均須確實依照時間進行。會議記錄限一天內呈報上一級主管，主管批示者亦限三天內批示完成，再交由會議主持人進行追踪處理。

△經營會議

經營會議的目的乃是在一個公司的最高層幹部參與經營政策的意見及各部門業務政策的報告、協調，同時決定整個公司一週的工作重點和指導方針。

△產銷會議

產銷會議的目的在謀求產銷雙方配合協調，把本月產銷的成果做成報告後共同檢討今後三個月內的銷售規格、數量之預測，確定生產目標爲雙方協議定案。因爲生產過剩或供不應求，都是由產銷不配合引起的，因此公司內最重要的部門就算是生產與銷售部門了，產銷一同會議檢討每個月至少要一次以上。開會的地點應以業務部門所在地及工廠兩個地方輪流，這樣不但可以彼此瞭解現狀，還可親眼看到產銷的各種新創意（資料、圖表、工作進度等）。主席可由產銷雙方主管輪流主持，參加人員以產銷雙方主管級以上幹部爲主要人員，其他單位如總務、財務、企劃等有關單位主管也應列席參加，促進產銷更臻於合作。

△廠務會議

廠務會議是綜合整個工廠的大事及進度而召開的，正常的狀況還是每月召開固定會議一次。廠長擔任主席，主管及有關單位之生管、品管、總務等人員參加，上級和其他部門的高級主管也可列席瞭解生產概況。廠務會議的重點在於直接生產單位與廠內間接生產單位的協調，研討實際成果與間接計劃，發布單位的得失、差異，促進整個工廠管理績效的提高，更重要的是還訂定下月生產目標及確認個別生產日程，使整個生產作業一體化。

△營業會議

大多數公司一般都設有支配機構，平常靠著日報表的聯繫是可以推行業務作業，但是業務政策性的執行方案必須先依靠市場情報資料的供給，所以，業務會議必須每月舉行一次。

舉行會議的時間以分支機構主管回到總公司之適當時間較

佳，由業務主管擔任主席，業務股長及區域負責人參加。業務會議主要議案在於追踪業績成果、回收成果及市場動向、同業活動概況，訂定下月業務目標及促銷方案著重點的確定，和經銷商管理得失的檢點。

△部務會議

部務會議主要是爲了轉達上級的命令推行單位任務，在日常工作中得到貫徹執行而召開的。至於會議的時間、地點則由主管自己選定，組長及協調有關事務人員參加。部務會議的重點應放在現場作業的改善及人事安定問題的培養，當然也要檢討成果及預定目標，促進基層的團結等事宜上。

△專案會議

凡有專門案件或創造某種新事務而形成的專門案件，爲了不影響其他會議的正常進行而成立專案會議。專案會議不受時間、次數約束，只要對公司有利的重大案件均可由發起人經送上級同意而召集有關人員開會商討。專案會議爲不定期之臨時會議，但會議進行要以一案一會爲原則。

△週會

大多數企業爲了加强對員工敬業精神的灌輸，一般在每週星期一的早上利用三十分鐘時間做員工精神教育及重點工作報告，同時還可利用週會表揚優良員工以提高士氣。週會的主席最好由幹部或員工輪流，舉行地點一般分別在總公司、工廠、分支機構舉行。同時也是培養人才的好機會。

3

製作營業會議計劃

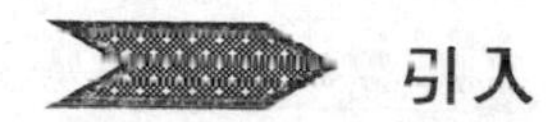

引入

業務員甲君進入公司，參加各種公司內部會議，深深感到會議的無績效；三年後，甲君升爲主管，他由「參與會議」改爲「主持會議」，却也是無力改善會議病態。

營業主管甲君認爲：「開拓業績」是目標，「營業部門的會議」，只是手段不是目標，却不知如何改善會議？

重點

「有必要才召開會議」，是營業部門召開會議的第一個大前提，其次是妥善規劃製作「會議計劃」。

開會必須花費多數人的時間，那麼開會的真正目的何在，便需要先弄清楚。

首先，會議要有個主題，這特定的主題必須是爲討論解決某種問題的提案，因此，在開會中，要積極交換彼此間的意見，以試圖提出一個合理而有效的解決方法，使行動上能取得一致。

意見的交換，必須與設定的主題有關，並且是爲解決問題而作提議的。因此，參與會議的人，對主題及有關主題的相關問題或資料，事先要有所認識，提出的意見才不會離題或缺乏生產性，這樣才使會議的效率提高。

要想週全的制訂有關會議方面的計劃，必須先探討公司在營運方面有那些須靠會議來溝通和解決的問題，也就是要先瞭解開會的時機。

△應開會的時機

(1) 制訂組織目標。

(2)聽取報告。如「品質抱怨報告」、「客戶異議處理報告」。

(3) 獲取全盤的報告以便做決策。

(4) 發現、分析並解決問題。

(5)使大家接受新方案、新決策。如「利潤中心溝通簡報」。

(6) 推動管理工作，使經營合理化。

(7) 爲久懸的問題提出解決方案。

(8) 迅速取得情報，以便因應緊急事故。

(9) 使員工對公司的方針、政策有一致的觀念。

(10) 提供各種資訊，作爲工作的指導。

(11) 協調不和諧的氣氛與意見。

(12) 灌輸員工觀念、教導員工有關資料。

(13) 達到教育訓練的目的。

△不宜開會的時機

(1) 會議所獲得的利益不能超過會議成本時。

(2) 預測尚無法達到滿意的決策時。

(3) 會影響更重要的作業時間時。

(4) 會議的主要人員無法參加時。

(5) 主席及參加會議的人員未做充分準備時。

(6) 利用電話、電報、電子商務平臺、信函、聯絡單即可解決的問題時。

企業機構要做好會議計劃，須事先考慮有無必要開會以及每次開會的時間。

不論會議的性質如何，在會議計劃中都應包括以下這些項目：

①目的

會議有協調、交流、交換資訊、提高士氣及做決策等等的目的；通常會議的目的不止一項，最好能具體說明。

②主席

所謂主席是會議內容的單位負責人或有權批准決議的人。

③參加人

諸如主辦人、單位負責人、對某事務有特殊瞭解的高級幹部及專家、有權參與的法定的人、對議案須負全部或部分責任的人。但盡可能要將參加會議的人限制在小範圍內。

④時間、地點

開會的時間最好以方便參加人出席的時間爲原則，不得妨礙各單位主要業務進行，最好不要受到外界的干擾。

⑤準備事物

開會所需的資料、議題及提案，會場的布置與設施、視聽用具以及可提高與會者士氣的服務項目（如茶水、毛巾、車輛等），都應事先列出明細，以免遺漏，影響效率。

⑥議程

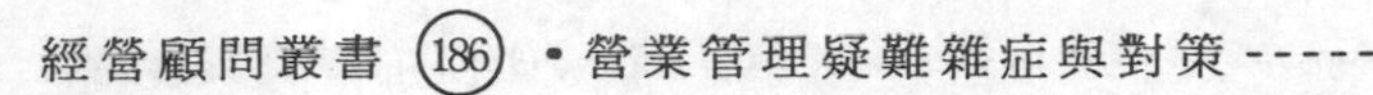

定期的會議可事先制定好議程，臨時舉行的急草就章也無妨。沒有議程的會議就像沒有靈魂的軀體。

⑦成本

開會耗費的成本是巨大的，通常除參加人員的薪資外，還包括當天的交通費、膳宿費、雜費、服務費及工作停頓的損失。所以儘量少開會，開一些有效率的會。

⑧記錄

因爲會議的內容常會被人遺忘，應使每位與會者養成會議中做記錄的習慣。

⑨追踪

通常主辦人因自顧職責內的工作，疏忽了會議的决議，結果一、兩個月後老問題又被提出來在會議上討論，因此，在做决策時，一併決定由何人負責追踪，不定期或定期向上級提出報告，以確立威信，並在下次同樣會議時提出上次會議的追踪報告。

上面所述的九大項目，在製作上可分爲會議計劃表及會議規範，前者是將公司的各種會議名目全盤書明，以便於公司內人員瞭解；後者則每種會議準備一式（如性質內容相類似可適用），以表明會議的目的。會議計劃表和會議規範示例見表7-3-1、表7-3-2。

表 7-3-1　會議計劃表

會議成本	會議名稱	主持人	時間	地點	參加人員	議程		追蹤單位	記錄抄送
						時間	內容		
1萬元	經營會議	總經理	每月二十日下午2:00～5:00	主會議廳	各部門經、副理，企劃專員列席	10 分 20 分 60 分 60 分 20 分 10 分	1. 主席報告經營政策 2. 報告上次決議事項的情況及追蹤指示事項 3. 各部門報告（二部門各 20 分） 4. 討論提案 5. 臨時動議 6. 主席做結論及確認決議事項	總經理室	董事長、總經理、各部門經理
2萬元	部務會議	部門主管	每月十日上午9:00～10:30	各部會議室	各部門全體人員，總經理自由列席，指導企劃人員列席	20 分 20 分 20 分 20 分 5 分 5 分	1. 上月工作檢討及上次會議追蹤 2. 專題報告（如市場動態及管理技術的推行與修正案） 3. 問題提出點及討論對策 4. 次月工作計劃及要求支援事項 5. 臨時動議 6. 經理指示及確認決議	企劃課	總經理、各部門經理、各參加人員
3萬元	朝會	課長	每日上午8:30～9:00（15～30分）	各課辦公室	各課成員	1 分 2 分 5 分 5 分 5 分	1. 互道早安 2. 朗讀經營理念信條 3. 追蹤及報告昨日工作 4. 各成員請示問題 5. 課長指示工作及宣布政令	自行追蹤	免

表 7-3-2 會議規範

編號 P001	會 議 規 範		
單位：企劃室 主持人：××× 代理人：××× 主管：×××			
工作名稱	主管週會	目 的	1.統一思想，交換意見。 2.改善工作，解決問題。 3.提高業績。
工作週期	每週二		
應準備的資料物品	會議工作規範大海報、圖表、會議議程大海報、黑板、粉筆、黑板擦、桌椅準備清潔、茶水、茶杯、圖釘、膠帶、錄音帶、麥克風、大壁報紙、開會用資料、簽到薄。		
順 序	工作行動項目	所需時間	注 意 事 項
1.檢查各項應備品是否齊全及會場是否布置清潔。		2分	A.欠缺的物品及資料即行補足。
2.參加人員簽到。		2分	B.注意會場的光線及空氣流通。
3.分發會議資料。		2分	
4.茶水及安排座位。		2分	C.會議中由一人接電話、留言，不干擾與會者及會議秩序。
5.指定一人控制會議時間及維持秩序。		2分	
6.選定一人做記錄。		如議程	D.會中盡可能不吸烟。
7.依照會議議程開會。			E.注意時間的控制，主席要控制會議發言秩序。
8.凡與會議內容無關的個別另案會後討論。		10分	F.每半小時倒開水一次。
9.會議結束後清理會場，並收回重要資料。			G.若逢用餐時間即依參加人數叫快餐，每人一份。
10.會議記錄兩天內送有關單位。			

4

營業主管如何指導會議、參與會議

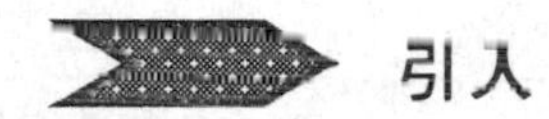

引入

營業部門張君往往是怯於參加會議，既不知會議背景，在會議席上也不知如何發言，常以「外出開拓客戶」爲藉口，「能躲儘量躲」。

李君自從調任營業部門主管後，由於職務關係，常主持各種會議，深感營業部門開會散漫、低潮，苦思要如何整頓開會秩序。

重點

企業的成敗系於經營者，同樣的，會議的成效端視主席的領導術，許多成功的經營管理者大都從會議經驗中體會個中三味。要成爲一個優秀的會議主席，下列幾點可作爲努力的重點：

① 會中不要說太多話，儘量聆聽討論及報告，等完全把握所有論點後，再作中肯的結論。

② 事先應仔細閱讀、分析會議的資料，以瞭解各關聯性、問題點，同時應要求與會者事先準備。

③ 準時參加開會是會議成功的一關，開會絕不可等慢半拍

的人，因爲等待永遠無法治療其遲到的習慣，只有準時才是最佳藥方。

④主席在未作結論或決議前，決不表示贊成或反對那個論點，更忌諱在會中有意無意批評某人的見解，因爲這樣會使與會者見風轉舵。

⑤主席的態度應親切和藹，使與會者心情輕鬆、思想旺盛、勇於發言；主席的態度過於壯嚴肅穆，會使會議陷入低潮。

⑥運用幽默或緩和的語氣，引導離題的發言者言歸正傳。

⑦議題範圍內的提案一定要有結論或決議，並指示在閉會前由記錄者複誦並讓全體確認。若臨時提議涉及太廣或資料不全，即應決定另擇日期舉行。

因爲參加會議的人員在議席上的言行足以表露其人格性質，參加會議的人員的榮耀不在於自己的發言被採納，而是在否以公司的觀點進行發言？是否在尊重他人意見的情況下表示態度？自省是否在會議中獲得新的知識，領受了受教育的機會？所以，如何參加會議是一門學問。

要達到參加會議的真正益處，須注意以下幾點：

①會議前充分準備事先發給的資料，分析內容及問題，並列出數種對策，絕不可像參加餐會般的進入會場。

②聆聽他人意見時，不妨微笑點頭，表示尊重與友愛。不可打斷他人的發言，否則無法完全瞭解別人的意見。

③避免心不在焉，翻閱他物，交頭接耳，這樣會影響　會議的氣氛，引起他人不滿，會中最好作筆記。

④儘量在自己所知的範圍內表示意見，不可臆測，妄加斷言，尤其不要霸佔時間，強辭奪理。

⑤不可沈默寡言。與會者被邀參加開會，就是因爲公司需要他的意見。

5

營業主管如何激發與會人員發言

引入

員工參與會議，有氣無力，沒有發言的意願。

主管：「本週有沒有特殊事項要報告的呢？」

業務員甲：「沒有要報告的事！」

主管：「乙君呢？」

業務員乙：「我和業務員甲一樣。」

主管：「丙君對於上個月的業績，有沒有要報告的呢？」

業務員丙：「都寫在每天的報表上。」

主管急躁的說：「各位是什麼意思，你們詳細發言報告。」

重點

營業主管在主持會議時，要設法激發與會人員的發言，當會議主席在主持會議時，對提出的問題要注意技巧，會議自提出問題開始，至提出問題結束，就是由質詢與回答，回答與質詢所構成。所以會議主持人想要知道對方的意見，只有從質詢中獲得。善於質詢的主持人會議就會成功。質詢是會議的關鍵。就因爲質詢，集體思考才會向結論升華，也就是全體與會人員大家都會把自己的知識和經驗，提出來共同商討，經過過濾、配合、結合等重復操作，全體與會人員的智慧就會集中成爲一個結晶體。把集體的思考結合成一個結晶體的就是會議，而其著手點就是質詢。

思考被質詢所刺激便會作答，如何質詢，這就需要智慧。精通質詢技巧是會議主持人的一個重要條件。質詢技巧可分爲下列各項：

△以全體對象的質詢

這是對總體人員的反問法，是對全體與會人員所提出的質詢。這不是用「是或否」可能回答的質詢，而是一種使人思考的質詢。

△指名質詢

也稱爲直接發問法，對於發言特別少的人可指名質詢之。

△投返質詢

會議主持人質詢與會人員時，馬上就回答了事的話，就不成其爲會議了。所以要運用引誘對方回答的質詢法：「如果是你

的話，怎麼辦？」

△接力質詢

這也是引誘對方回答的一種質詢方法，不只是向一個人提出質詢，而是把同樣的質詢再詢問另一個人，引誘他回答。這也是盡可能使更多的人做接力式發言的手段。

△逼人發言的質詢

也稱爲引導發問法，這要先提出事例並做這樣的質詢：「如果是你的話，將如何處理？」

△緊迫質詢

這是在會議陷入膠著狀態時，使用起來很有效。選定一個特定人物，接著提出問題，被問者當然不能不儘量回答，這樣兩個人的一問一答，會使會議激起一種緊張感。

巧妙的運用發問方法，會增加會議的生氣，當會議結束時，會因爲完成了建設性的討論而有一種滿足感。比如人事管理的要訣就在「使從業人員覺得今天可能有什麼好事的期待感而去努力工作，然後果真抱著今天的確做了不少事的充實感而回家去」，具有這樣能力的人，才真正是一位優秀的人事管理者。會議主持人也是一樣，使與會人員抱著一種期待感來開會，帶著充實感回去。

熟練運用這些原則與方法，你所主持的會議必定是生動而充實的會議，一定也會達到會議的真正目的。

但同時也要注意，運用發問的方法來刺激會議的熱烈氣氛時，也要注意以下幾點：

①一次只問一個問題，問題不應太複雜，以便提高大家的

信心。

②發問的方式要變化，各種方式輪流運用，可使與會者對主席產生好感，願意發言。

③在發問時，偶爾可轉變話題，使與會者輕鬆一下，解除緊張感，自然可促使與會者產生創意，增强效率。

所以說，要想真正把會議主持好，並不是很容易的事。

6

主管如何應對會議中的麻煩人物

引入

張君擔任營業部門組長，常參與開會，發覺在衆多的會議中，有時會出現一些「事先想不到的鬧劇」，或是「麻煩人物在會議上的糾紛」，令人啼笑皆非。

張君因此常向營業部副總經理請教，如何應付會議場上的麻煩人物。

重點

因爲會議是集合了想法、習慣、思想、經驗、社會背景等不同的人共同參與會議，會發生什麼事情實在難以預料。對會議主持人來說，如果對其中一個麻煩人物處理不甚得當的話，

就會全盤皆輸。

爲了防止這種失當或鬧劇的發生，主持人在處理時非熟練不可。下面要討論處理這種麻煩人物的方法，在開會之前，應先記住下列的方法。

△想使自己的意見得到大家擁護的人

對付這種人最好的方法是發動其他的人，以集體的力量批評他。會議主持人在這方面必須熟練老到，務使團體有自信，絕不輸在這種人手裏。

△喜歡高談闊論的人

這是一種一心一意想要爲難會議主持者的人，喜歡強詞奪理，丟人面子。對付這種人的方法是要冷靜，主持人也好，與會人員也好，切忌發怒。最要緊的是要運用連續的質詢來困住他。他在團體面前因爲無法招架而胡言亂語，會引起反感，如此便可迫使他服從多數人的意見。

△自命不凡的人

要這種人乖乖的聽話是最難做到的事，不過這種人的意見或許也有可取之處，所以儘量讓他說出他的經驗來，然後用團體的力量加以批評，以決定他所說的話的價值。

△多嘴多舌的人

這是一種一個人想佔用十個人發言機會的人。老讓他嘮叨不絕的說個沒完沒了是不行的，趁這人在說話時，儘量細心的讓別的與會人員找他岔子。眼看著別人就將沒有發言的機會了，就得提出會議不能讓一個人獨佔的決定來。

△怯場的人

可指定他發言，徵詢他的意見。不過一定要提出容易解答的問題，如果回答得正確就贊賞他。

△頑固分子

可直截了當的告訴他，先生的議論現在沒有時間聽下去。如果還不行的話，就很客氣的告訴他，這種革新想法，實在不能令大家佩服。不這樣做的話，會議就會被他一手破壞。

或採取巧妙的手法，把他的意見交付討論，由多數人來決定。最好是打聽這個人的好惡興趣，投其所好，取得友誼。誇獎他所屬的單位，並列入紀錄。

△沒有本領的人

提出與他的工作有直接關係的問題來問他，對特殊問題要他表示意見，他在會場外所說的話銘記在心，並加以引用。贊揚他所屬的單位，多說些他喜歡聽的話。

7

有效率的會議主持技巧

引入

甲公司的營業會議進行中，營業部門員工在每次發言中都受到過主席的冷言熱諷後，發言人數少而被動，會議場總是一

片寂靜。

乙公司的營業會議，却是相反效果，由於會議主席掌控無力，會議場總是發言勇躍，主題五花八門。陳君在領導營業部門第三課，銷售業績一向第一名，但在主持會議技巧上，就略遜一籌，苦思不得其解。他向公司的經營企劃部鄭協理訴苦，要求協助。鄭協理在仔細聽完陳君的內心話，給予陳君下列的會議主持技巧。

身為營業主管，你應該如何主持會議？

重點

沈默是金固然是做人處世的重要美德，但開會既為了集結衆人的意見，如果與會人士都只當個沈默者，那麼會議的成效及生產性就被大打折扣了。

會議上，經常有緊閉尊口，兩支手臂悠哉的靠在會議桌上沈思，或把整個身體靠入沙發椅內，只顧吞雲吐霧如同會議中的「局外人」，永遠不輕易作多於「是」或「不是」的發言者。尤其是有些在私底下，嘮叨最多，埋怨這埋怨那的「長舌婦」，經常在會議上反成了最堅強，最頑固的沈默大多數。

經常主持會議的人都有同感，開會中的發言經常會有意無意的集中在少數人身上，因此，如果主持人不够細心，常會使會議反而被少數意見所把持，使會議的結論導入錯誤的方向。

在會議中保持沈默大致有兩種原因，一是天性內向，不習慣在公衆場合，有組織的談論自己的意見。另一是對議題本身不關心或根本反對，但又限於某種原因，不願表示其相反意見，

所作的消極抗議。

第一種情形，依靠靈活而有經驗的主持人便能補救。主持人的魅力便在引發大家的討論，對不善於發言者，要技巧性的刺激他們，運用活潑的會場氣氛，讓他們能很自然的跟隨著發言。

在業務陣營內，能力較高的業務員，常是些與公司當局意見相反的一群，因此運用會議以溝通或調整他們的看法，是絕對必要的。

切記，會議絕不是用來說服的，因此，主持或主辦會議者固可提出自己的腹案，但不可太過分執著或强調自己的看法。那些能力及表現度好的推銷員，他們實際的經驗是值得重視的，當然，執行工作者，難免都有較强的本位主義，開會的目的，即在調整大家的看法，使擬定出的政策可行及合理。

特別是爲拓開市場或提高銷售的會議，公司方面的要求總是無限制的，與會的推銷員難免有被要求及壓迫感，因此，對這類會議，在先天上他們多少已有排斥的心理，尤其要他們把原可用來爭取生意的時間及機會，用在討論如何提高銷售的會議上，講來也的確有些荒謬。但是讓這些推銷健將會集一堂，交換彼此經驗，對銷售目標的達成，却也是絕對必要的。

瞭解與會者的心態，安排足以引發其興趣及情緒的資料及環境之後，再來便是主持人掌握會議氣氛的功力了。緊抓住會議的主題，讓各方面的意見都可以議場上碰撞，讓反對意見者得到應有的重視，而願意提供他們的看法，並尊重會議的最後結論，這便是會議目標的真正達成。

△表明基本態度

營業會議的目的，當然是爲提高業績而來。因此對參加會議的業務員心理上難免有層層的壓力，先天上總懷著反對的意識。所以主持會議的主管，最好事先表明，營業會議不是階級鬥爭，不對任何人，即使成績不好的也不會攻擊。

營業會議雖是業務檢討會，但是目的是集合衆人的智慧，用具體的策略，提高業績。因此希望每個人提供出寶貴的經驗、知識、資訊，即使失敗的經驗也是寶貴的，只有集中大家的智慧，才能在未來創造出真正的好成績。

營業會議的主要功用在激勵，不在檢討，也只有與會者都抱著樂觀積極的態度，也才有可能去突破銷售上的各種困難。

△要為眾人考慮週到

主管要責備屬下，大可在自己的辦公室爲之，切勿讓營業會議發展成爲鬥爭大會。業務員固然是單兵作戰，但如果內部向心力强，同仁間合作親密，自然會帶動士氣，個別業務員也會提高其工作效率。因此，主管在主持會議時，要面面俱到，讓與會者感到大家是同一陣線，休戚相關的，這樣的會議才能發揮整體的力量。

△討論要趨向積極面

營業會議的重點，在於提高業績以達成目標。開會時間有限，是以主持人要具體的掌握討論的方向。擬定會議目標，逐步却除障礙，討論的重點放在克服及突破可能的困難，避免離題或陷入兜圈子。會議的每個階段，都能顯示具體的成績，會議結束時，自然而然可以達成目標。

△**注意個別的激勵**

除了討論出具體策略外，爲達成目標，每個與會的業務員自然必須負較多的任務，主管在最後要針對他們的責任，個別給予鼓勵，並讓每個人提出他們個別的困難問題，且給予積極性的建議，以讓每個人感覺在會議上得到重視，這種會議開得才有意義。

△**要有明確的結論**

會而不議，議而不決是最要不得的開會現象，會議開完後，誰也搞不清到底有什麼結果。

因此，主持會議者，在會議結束前，一定要下具體的結論，並徵得參加者的同意，有異議者可當場提出修正。會議結束後，並强調對決議案，與會者的個別責任，使會議有一個具體而明確的結果，大家從會議中有所獲得，日後也才會熱心的參加會議。

8

主管要追蹤會議結論

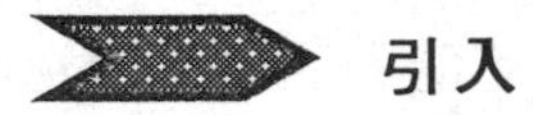

引入

「會而不議，議而不決，決而不行」是開會的通病。

本月初，營業部門召集衆多業務員加以開會，討論「如何改善產品的競爭力」，轟轟烈烈進行，結果開會後卻「無疾而終」，不知下文。

營業部門重視實際，或者說是講求現實，一旦發現「建議無效」、「開會無用」，就會弃之而去。因此，營業主管要重視會議結論，並且追踪「會議結論有無落實執行」。

重點

會議的主要目的在於解決問題，如果「決而不行」，等於沒有解決問題。因此會後的追踪是發揮成果的最後一著棋。

會議必須追踪其「結論」，其次才是追踪的技巧。會議追踪的重點，首在時間的進度，是否能把握時效，其次才談執行的態度和實效等。要做好會後的追踪工作，必須由追踪單位專人負責，製作一份會議追踪表從事追踪，這是最具體的辦法。見表 7-8 所示。

執行單位應切實地做好追踪工作，不要怕衝突，秉公處理才能達到管理的目的。各種會議追踪表應裝訂成冊，不可零散遺失，以利於次追踪所用。另外，對每次會議的追踪要做到專人負責，對追踪的結果要定期向公司上級主管層作出彙報。

表 7-8 會議追蹤表

追蹤人＿＿＿＿期間＿＿年＿＿月＿＿日～＿＿年＿＿月＿＿日

※本次會議記錄應行發送時間＿＿＿＿實際發送時間＿＿＿＿

提案	決議工作項目	負責人	完成期限	追蹤記錄						追蹤意見
				第一次		第二次		第三次		
				日期	完成%	日期	完成%	日期	完成%	
一	1. 2. 3.									
二	1. 2. 3.									
三	1. 2. 3.									
四	1. 2. 3.									
五	1. 2. 3.									
六	1. 2. 3.									

56	對準目標	360 元	80	內部控制實務	360 元
57	客戶管理實務	360 元	81	行銷管理制度化	360 元
58	大客戶行銷戰略	360 元	82	財務管理制度化	360 元
59	業務部門培訓遊戲	380 元	83	人事管理制度化	360 元
60	寶潔品牌操作手冊	360 元	84	總務管理制度化	360 元
61	傳銷成功技巧	360 元	85	生產管理制度化	360 元
62	如何快速建立傳銷團隊	360 元	86	企劃管理制度化	360 元
63	如何開設網路商店	360 元	87	電話行銷倍增財富	360 元
64	企業培訓技巧	360 元	88	電話推銷培訓教材	360 元
65	企業培訓講師手冊	360 元	89	服飾店經營技巧	360 元
66	部門主管手冊	360 元	90	授權技巧	360 元
67	傳銷分享會	360 元	91	汽車販賣技巧大公開	360 元
68	部門主管培訓遊戲	360 元	92	督促員工注重細節	360 元
69	如何提高主管執行力	360 元	93	企業培訓遊戲大全	360 元
70	賣場管理	360 元	94	人事經理操作手冊	360 元
71	促銷管理（第四版）	360 元	95	如何架設連鎖總部	360 元
72	傳銷致富	360 元	96	商品如何舖貨	360 元
73	領導人才培訓遊戲	360 元	97	企業收款管理	360 元
74	如何編制部門年度預算	360 元	98	主管的會議管理手冊	360 元
75	團隊合作培訓遊戲	360 元	100	幹部決定執行力	360 元
76	如何打造企業贏利模式	360 元	101	店長如何提升業績	360 元
77	財務查帳技巧	360 元	104	如何成爲專業培訓師	360 元
78	財務經理手冊	360 元	105	培訓經理操作手冊	360 元
79	財務診斷技巧	360 元	106	提升領導力培訓遊戲	360 元

107	業務員經營轄區市場	360 元
109	傳銷培訓課程	360 元
110	〈新版〉傳銷成功技巧	360 元
111	快速建立傳銷團隊	360 元
112	員工招聘技巧	360 元
113	員工績效考核技巧	360 元
114	職位分析與工作設計	360 元
116	新產品開發與銷售	400 元
117	如何成爲傳銷領袖	360 元
118	如何運作傳銷分享會	360 元
120	店員推銷技巧	360 元
121	小本開店術	360 元
122	熱愛工作	360 元
124	客戶無法拒絕的成交技巧	360 元
125	部門經營計畫工作	360 元
126	經銷商管理手冊	360 元
127	如何建立企業識別系統	360 元
128	企業如何辭退員工	360 元
129	邁克爾・波特的戰略智慧	360 元
130	如何制定企業經營戰略	360 元
131	會員制行銷技巧	360 元
132	有效解決問題的溝通技巧	360 元
133	總務部門重點工作	360 元
134	企業薪酬管理設計	
135	成敗關鍵的談判技巧	360 元
136	365 天賣場節慶促銷	360 元
137	生產部門、行銷部門績效考核手冊	360 元
138	管理部門績效考核手冊	360 元
139	行銷機能診斷	360 元
140	企業如何節流	360 元
141	責任	360 元
142	企業接棒人	360 元
143	總經理工作重點	360 元
144	企業的外包操作管理	360 元
145	主管的時間管理	360 元
146	主管階層績效考核手冊	360 元
147	六步打造績效考核體系	360 元
148	六步打造培訓體系	360 元
149	展覽會行銷技巧	360 元
150	企業流程管理技巧	360 元
151	客戶抱怨處理手冊	360 元
152	向西點軍校學管理	360 元
153	全面降低企業成本	360 元

154	領導你的成功團隊	360元
155	頂尖傳銷術	360元
156	傳銷話術的奧妙	360元
157	培訓師的現場培訓技巧	360元
158	企業經營計畫	360元
159	各部門年度計畫工作	360元
160	各部門編制預算工作	360元
161	不景氣時期，如何開發客戶	360元
162	售後服務處理手冊	360元
163	只爲成功找方法，不爲失敗找藉口	360元
164	專業培訓師操作手冊	360元
165	培訓部門經理操作手冊	360元
166	網路商店創業手冊	360元
167	網路商店管理手冊	360元
168	生氣不如爭氣	360元
169	不景氣時期，如何鞏固老客戶	360元
170	模仿就能成功	350元
171	行銷部流程規範化管理	360元
172	生產部流程規範化管理	360元
173	財務部流程規範化管理	360元
174	行政部流程規範化管理	360元
175	人力資源部流程規範化管理	360元
176	每天進步一點點	350元
177	易經如何運用在經營管理	350元
178	如何提高市場佔有率	360元
179	推銷員訓練教材	360元
180	業務員疑難雜症與對策	360元
181	速度是贏利關鍵	360元
182	如何改善企業組織績效	
183	如何識別人才	360元
184	找方法解決問題	360元
185	不景氣時期，如何降低成本	360元
186	營業管理疑難雜症與對策	360元

《商店叢書》

1	速食店操作手冊	360元
4	餐飲業操作手冊	390元
5	店員販賣技巧	360元
6	開店創業手冊	360元
8	如何開設網路商店	360元
9	店長如何提升業績	360元
10	賣場管理	360元

11	連鎖業物流中心實務	360 元
12	餐飲業標準化手冊	360 元
13	服飾店經營技巧	360 元
14	如何架設連鎖總部	360 元
18	店員推銷技巧	360 元
19	小本開店術	360 元
20	365 天賣場節慶促銷	360 元
21	連鎖業特許手冊	360 元
22	店長操作手冊(增訂版)	360 元
23	店員操作手冊(增訂版)	360 元
24	連鎖店操作手冊（增訂版）	360 元
25	如何撰寫連鎖業營運手冊	360 元
26	向肯德基學習連鎖經營	350 元

《工廠叢書》

1	生產作業標準流程	380 元
2	生產主管操作手冊	380 元
3	目視管理操作技巧	380 元
4	物料管理操作實務	380 元
5	品質管理標準流程	380 元
6	企業管理標準化教材	380 元
8	庫存管理實務	380 元
9	ISO 9000 管理實戰案例	380 元
10	生產管理制度化	360 元
11	ISO 認證必備手冊	380 元
12	生產設備管理	380 元
13	品管員操作手冊	380 元
14	生產現場主管實務	380 元
15	工廠設備維護手冊	380 元
16	品管圈活動指南	380 元
17	品管圈推動實務	380 元
18	工廠流程管理	380 元
20	如何推動提案制度	380 元
21	採購管理實務	380 元
22	品質管制手法	380 元
23	如何推動 5S 管理（修訂版）	380 元
24	六西格瑪管理手冊	380 元
25	商品管理流程控制	380 元
27	如何管理倉庫	380 元
28	如何改善生產績效	380 元
29	如何控制不良品	380 元
30	生產績效診斷與評估	380 元

《成功叢書》

1	猶太富翁經商智慧	360 元
2	致富鑽石法則	360 元
3	發現財富密碼	360 元

《企業傳記叢書》

1	零售巨人沃爾瑪	360 元
2	大型企業失敗啓示錄	360 元
3	企業併購始祖洛克菲勒	360 元
4	透視戴爾經營技巧	360 元
5	亞馬遜網路書店傳奇	360 元
6	動物智慧的企業競爭啓示	320 元
7	CEO 拯救企業	360 元
8	世界首富　宜家王國	360 元
9	航空巨人波音傳奇	360 元
10	傳媒併購大亨	360 元

《傳銷叢書》

4	傳銷致富	360 元
5	傳銷培訓課程	360 元
6	〈新版〉傳銷成功技巧	360 元
7	快速建立傳銷團隊	360 元
8	如何成爲傳銷領袖	360 元
9	如何運作傳銷分享會	360 元
10	頂尖傳銷術	360 元
11	傳銷話術的奧妙	360 元
12	現在輪到你成功	350 元
13	鑽石傳銷商培訓手冊	350 元
14	傳銷皇帝的激勵技巧	360 元
15	傳銷皇帝的溝通技巧	360 元

《財務管理叢書》

1	如何編制部門年度預算	360 元
2	財務查帳技巧	360 元
3	財務經理手冊	360 元
4	財務診斷技巧	360 元
5	內部控制實務	360 元
6	財務管理制度化	360 元

爲方便讀者選購，本公司將一部分上述圖書又加以專門分類如下：

《培訓叢書》

1	業務部門培訓遊戲	380 元
2	部門主管培訓遊戲	360 元
3	團隊合作培訓遊戲	360 元
4	領導人才培訓遊戲	360 元
5	企業培訓遊戲大全	360 元
8	提升領導力培訓遊戲	360 元
9	培訓部門經理操作手冊	360 元
10	專業培訓師操作手冊	360 元
11	培訓師的現場培訓技巧	360 元
12	培訓師的演講技巧	360 元

最暢銷的商店叢書

名　稱		說　明	特　價
1	速食店操作手冊	書	360 元
4	餐飲業操作手冊	書	390 元
5	店員販賣技巧	書	360 元
6	開店創業手冊	書	360 元
8	如何開設網路商店	書	360 元
9	店長如何提升業績	書	360 元
10	賣場管理	書	360 元
11	連鎖業物流中心實務	書	360 元
12	餐飲業標準化手冊	書	360 元
13	服飾店經營技巧	書	360 元
14	如何架設連鎖總部	書	360 元
15	〈新版〉連鎖店操作手冊	書	360 元
16	〈新版〉店長操作手冊	書	360 元
17	〈新版〉店員操作手冊	書	360 元
18	店員推銷技巧	書	360 元
19	小本開店術	書	360 元
20	365 天賣場節慶促銷	書	360 元
21	科學化櫃檯推銷技巧	4 片（CD 片）	買 4 本商店叢書的贈品 CD 片（1800 元）

上述各書均有在書店陳列販賣，若書店賣完，而來不及由庫存書補充上架，請讀者直接向店員詢問、購買，最快速、方便！

好消息

贈送

凡向**出版社**一次劃撥購買上述圖書 4 本（含）以上，贈送「科學化櫃檯推銷技巧」（CD 片教材，一套 4 片）。

請透過郵局劃撥購買：

郵局劃撥戶名：憲業企管顧問公司

郵局劃撥帳號：18410591

回饋讀者，免費贈送《**環球企業內幕報導**》電子報，請將你的 e-mail、姓名，告訴我們 huang2838@yahoo.com.tw 即可。

經營顧問叢書 ⑱⑥　售價：360 元

營業管理疑難雜症與對策

西元二〇〇八年六月　　　　增訂二版

編著：黃憲仁

策劃：麥可國際出版有限公司（新加坡）

校對：洪飛娟

打字：張美婣

編輯：劉卿珠

發行人：黃憲仁

發行所：憲業企管顧問有限公司

電話：(02) 2762-2241　0930872873

臺北聯絡處：臺北郵政信箱第 36 之 1100 號

郵政劃撥：**18410591 憲業企管顧問有限公司**

常年法律顧問：江祖平律師（代理版權維護工作）

大陸地區訂書，請撥打大陸手機：13243710873

本公司徵求海外銷售代理商（0930872873）

出版社登記：局版台業字第 6380 號

ISBN：978-986-6704-59-8